Kreative Flipchartgestaltung

Kreativ und mit Freude Wissen vermitteln.

Ein Handbuch für Trainer, Vortragende und Referenten.

Inhaltsverzeichnis

Einleitung

Die Sehnsucht nach Erfolg als Trainer in der Erwachsenenbildung hat mich ebenso wie viele meiner Berufskolleginnen und -kollegen durch eine lange Experimentier- und Lernphase begleitet. Umfangreiche Weiterbildungsseminare stillten vorerst den unbegrenzt erscheinenden Wissensdurst nach pädagogisch/didaktischen Möglichkeiten. Ein ständiges Reflektieren der eigenen Fähigkeiten in der Wissensvermittlung bewirkte weitere Entwicklungsschritte. Und dennoch begleitet mich ständig die Frage: „Wie kann man sein Wissen spannend, packend und leicht verständlich vermitteln?". Vor allem bei routinierten TrainerInnen kommt noch eine weitere Fragestellung hinzu: „Welche Möglichkeiten gibt es, meine Arbeit noch lustvoller und abwechslungsreicher zu gestalten?". Erfolgreiche Seminare durchzuführen, bedeutet demnach nicht nur eine entsprechende Methodenvielfalt und Persönlichkeitsstruktur zu besitzen, sondern auch Leidenschaft. Die in diesem Buch beschriebenen Möglichkeiten steigern Ihre Methodenkompetenz und unterstützen Sie dabei, Spaß und Freude in der Wissensvermittlung ständig neu zu entdecken. Als Antwort darauf werden Sie ein engagiertes und aktives Teilnehmerverhalten in Ihren Seminaren erhalten, welches für Sie immer wieder Ansporn sein wird neue Ideen zu entwickeln.

Danksagung

Bedanken möchte ich mich ganz besonders bei meiner Ehefrau Ursula, auf die ich unendlich stolz bin. Sie war der Stein des Anstoßes zum kreativen Flipchartzeichnen. Am Anfang meiner Trainerkarriere zeichnete sie noch die Flipcharts für meine Seminare. Sie war es, die mich ermutigte, trotz meiner vermeintlich nicht vorhandenen Zeichenkünste meine Charts selbst zu zeichnen. Auch heute noch gehört meine Frau zu meinen größten Kritikerinnen, die mich in der Weiterentwicklung von neuen Ideen positiv unterstützen. Dankbar für eine Menge von neuen Zeichenansätzen bin ich auch unseren beiden Kindern Pia und Tim. Durch ihre Begeisterung für meine Flipcharts haben sie es geschafft, auch mich begeisterungsfähig zu machen. Schlussendlich bedanke ich mich auch bei den vielen SeminarteilnehmerInnen, welche mir durch ihre Aktivitäten in meinen Flipchartseminaren wiederum Impulse für neue Darstellungsmöglichkeiten gegeben haben.

Bei der Anwendung des Buches – auf die Kupplung steigen!

Vielleicht können Sie sich noch an jene Situation bei der Vorbereitung auf die Führerschein-prüfung erinnern, als Sie gelernt haben, mit dem Auto auf einem Berg wegzufahren, ohne die Handbremse zu benützen. Für mich persönlich war es ein beeindruckender Moment, als mein Fahrlehrer mir den Anfahrvorgang beibrachte. „Lassen Sie die Kupplung schleifen!", befahl er mir. Gespannt, ob sich das Auto nach rückwärts in Bewegung setzt, nachdem die Kupplung zu schleifen begann, entfernte ich den rechten Fuß vom Bremspedal und wechsel-te auf das Gaspedal. Staunend musste ich erkennen, dass es tatsächlich funktionierte. Ich ließ die Kupplung immer mehr los, erhöhte den Druck auf das Gaspedal und los ging die Fahrt – aber nicht rückwärts, wie befürchtet, sondern den Berg hinauf. Dieses Erlebnis ist nun schon sehr lange her und seit wenigen Jahren fahre ich wieder über denselben Berg täglich nach Hause. Heute denke ich nicht mehr über solche Einzelheiten nach, der Vorgang ist automatisiert. In Analogie zum gegenwärtigen Thema ist es daher notwendig, dass Sie Ihre automatisierten Vorgänge beim Schreiben und Zeichnen verlangsamen und auf die in-nere Kupplung steigen, um sich deren jeweiligen Einzelheiten bewusst zu werden. Deshalb empfehle ich Ihnen, auf die Kupplung zu steigen, um den größtmöglichen Lernerfolg zu ha-ben. Erst wenn Sie dabei Erfolg haben, sollten Sie sinngemäß die Geschwindigkeit wieder steigern und dann funktioniert es fast wie von alleine. Viel Spaß dabei!

Warum kreative Flipchartgestaltung?

Getrieben durch den immer höheren Anspruch an Perfektionismus, welcher sich auch in der Auswahl der Präsentationsmedien manifestiert hat, wurde dem durchbrechenden Erfolg elektronischer Präsentationen insofern eine Trendumkehr entgegengesetzt, als der erhoffte Behaltenswert von Informationen bei den teilnehmenden Personen nicht wie erwartet gesteigert werden konnte. Die Vielfalt an Schriften, Farben, Standardvorlagen und Animationen führte zu einer teilweise gut inszenierten Präsentationsshow, welche allerdings von den wesentlichen Inhalten ablenkte. Zahlreiche Literatur versucht neuerdings diese Reizüberflutung mit gut gemeinten Ratschlägen einzudämmen, aber bekanntlich sind Rat-schläge auch nur Schlage. Es sollte hier nicht der Eindruck entstehen, ich wäre ein Gegner elektronischer Präsentationen. Nein, auch ich wähle dieses Präsentationsmedium bei bestimmten Zielgruppen sehr gerne, wobei die Struktur, der Aufbau und die Art der Visualisierung ihren Ursprung in der Kreativität und in der Einfachheit hat. Einfachheit soll hier nicht Ideenlosigkeit bedeuten, sondern vielmehr kompakte Informationseinheiten, welche auch verstanden und behalten werden können. Die Lösung des Problems zur Erlangung einer optimalen Wissensvermittlung liegt meiner Meinung nach in der Auswahl der Präsentationsmethoden, in der Informationsaufbereitung und einem richtigen Medienmix. So nach der Methode:

„Sie können über alles reden, aber nicht länger als 20 Minuten!"

Eigener Perfektionsanspruch und Perfektionsgrad unterschiedlicher Medien

Perfektion bedeutet nicht angreifbar zu sein, mit der Wirkung, für seine ZuhörerInnen nicht mehr greifbar zu sein. Wenn Sie als ReferentIn, TrainerIn, LehrerIn oder ProfessorIn nur perfektionistisch Ihren Unterricht gestalten wollen, bauen Sie unweigerlich eine Barriere auf, welche es nur wenigen Ihrer ZuhörerInnen gestatte diese zu überwinden. Bekannte Aussagen wie beispielsweise „Das werde ich nie können" oder „Das ist zu hoch für mich" bestätigen diese Annahme. Meinungen, die Ursache liegt vordergründig im Schwierigkeitsgrad des zu vermittelnden Lehrstoffes oder an der Intelligenz der Betroffenen mögen teilweise ihre Berechtigung haben. Aber vielleicht gelingt es Ihnen dennoch, Begeisterung für die Inhalte bei Ihrer Klientel zu entwickeln, indem Sie einfach die Art der Wissensvermittlung ändern. Je perfekter das verwendete Medium ist, desto mehr verliert man als PräsentatorIn an Vordergründigkeit, das bedeutet, die verbale und nonverbale Kommunikation wird in den Hintergrund gestellt und verschwindet auch manchmal in der Dunkelheit des Raumes. Möglichkeiten zur Interaktion, Kontaktaufnahme mit dem Publikum und das Ermöglichen von Fragen, um einen Dialog durchzuführen, sind dadurch meist sehr eingeschränkt.

Die folgende Darstellung zeigt die Auswahl unterschiedlicher Medien in Abhängigkeit ihres Perfektionsgrades und der damit verbundenen Rolle einer Präsentatorin bzw. eines Präsentators. Je höher der Perfektionsgrad des gewählten Mediums, desto geringer erscheint die eigene Persönlichkeit während des Vortrages.

PräsentatorIn   **Medium**

Geringe Möglichkeiten, die eigene Persönlichkeit in den Vordergrund zu stellen.

Elektronische Präsentation

Overheadpräsentation

Flipchartpräsentation

Die Aufmerksamkeit der TeilnehmerInnen kann leicht auf das Medium und auf die eigene Person gelenkt werden.

Tafelgestaltung

Die 20er-Geschichte

Die meisten von uns kennen die Situation aus der Schule, Kursen und Seminaren bis hin zu den Vorlesungen auf einer Universität, wo nach einer Unterrichtsstunde sich jemand die Frage stellt: „Was habe ich jetzt eigentlich gelernt?" oder „Was weiß ich noch von dem eben erst Gehörten?". Verblüffend oft für einen selbst, nämlich speziell dann, wenn das eben Gehörte interessant oder wissenswert geklungen hat und es also nicht vordergründig an der eigenen Unwilligkeit des Nicht-Lernenwollens liegt, dass man es einfach vergessen hat. Frustrierend für alle TeilnehmerInnen an der Wissensvermittlung, sowohl für LehrerInnen als auch für die SchülerInnen. Nun, jetzt gibt es aber Dinge, auch wenn man es gerne wollte, die kann man einfach nicht vergessen. So zum Beispiel habe ich einem meiner Freunde 20 Euro geborgt. Sein Versprechen mir gegenüber war, die 20 Euro eine Woche später zurückzuzahlen. Als die besagte Woche vorbei war, vertröstete mich mein damaliger Freund auf eine weitere Woche, dann wieder usw. Irgendwann habe ich dann aufgehört ihn zu fragen, wann er eigentlich daran denkt, mir die 20 Euro endlich zurückzuzahlen. Wie gesagt, auch wenn ich es wollte, ich kann es nicht vergessen. Ihre Aufgabe, liebe LeserInnen, ist es daher, Ihren ZuhörerInnen „20er" zu vermitteln, also Wissensvermittlung so zu gestalten, dass dieses neu erworbene Wissen, auch wenn man es wollte, nie mehr vergessen wird.

Wie Sie aus der Geschichte erkennen können, erfolgt effiziente Wissensvermittlung nicht unbedingt auf einer perfektionistischen Ebene, sondern es hat etwas mit Menschlichkeit und Wertschätzung zu tun. So bin ich auch zur Überzeugung gelangt, dass Informationen und Wissen, die einem selbst wichtig sind, dass die ZuhörerInnen es verstehen und es sich merken sollen, auf einer menschlichen Ebene kommuniziert werden müssen. Um diese Art von Kommunikation und Wissensvermittlung positiv zu unterstützen, eignet sich ein Flipchart hervorragend. In erster Linie deshalb, weil alles auf einem Flipchartpapier Geschriebene und Gezeichnete von Menschenhand erzeugt wird, abgesehen von jenen Perfektionisten, welche ihre Charts mit Computerunterstützung drucken oder plotten, wobei auch dies abhängig von der Zielgruppe manchmal notwendig sein kann. Spart man diese wenigen Ausnahmefälle aus, so stellt das Medium Flipchart seine Daseinsberechtigung als Hilfsmittel, also ein Mittel, das Ihnen hilft, Inhalte in Vorträgen und Präsentationen zu transportieren, in den Vordergrund. In weiterer Folge unterstützt dieses Buch mit seinen Ausführungen den Abbau von Zeichenbarrieren, welche vielleicht noch aus der Schulzeit als Relikt Ihren Lebensweg begleiten und Sie erhalten ein zusätzliches Wissen im Bereich der Gestaltungsmöglichkeiten von Flipcharts als Garant für Ihren Erfolg.

Plakative Schreibweise am Flipchart

Was bedeutet plakativ?

Um eine plakative und leicht lesbare Schrift am Flipchart zu bekommen, ist die Einhaltung bestimmter Regeln notwendig. Eine Schrift zu besitzen, welche allen gefällt, scheint oft unmöglich zu sein. Wichtig ist zunächst, dass Ihnen Ihr Schriftbild selbst gefällt. Dies ist aus meiner Erfahrung zunächst die erste Hürde, welche zu überwinden ist. Daher macht es auch Sinn, sich eine persönliche Flipchartschrift anzueignen, mit dem Ziel, dass diese der Mehrheit der Betrachter gefällt. Plakativ bedeutet nicht die schönste Schrift zu besitzen, sondern mittels des Geschriebenen Aufmerksamkeit und Interesse zu erwecken, damit sich der Betrachter gerne Zeit nimmt, um den Inhalt zu lesen.

Schrift und Stift

Grundlegend ist zunächst das richtige Schreibwerkzeug zu verwenden. Je dicker der verwendete Stift, desto kraftvoller wirkt Ihr Schriftbild und umso mehr Sicherheit in der Aussagekraft vermitteln Sie. Achten Sie daher auf die verwendete Stiftart.

Dünne Stifte ergeben keine Konturen und darunter leidet auch die Aussagekraft eines Schriftbildes. In vielen Seminarhotels ist man sich leider dieser Tatsache nicht bewusst, ebenso wenig wie bei manchen Bildungsanbietern. Verzichten Sie daher bei der Flipchartgestaltung gänzlich auf dünne Stifte.

Als geeignet empfehlen sich handelsübliche Flipchartstifte mit einer Strichbreite von ca. 5-6 mm. Stifte der Fa. Neuland unterstützen zusätzlich durch ihre Gehäuseform die richtige Stifthaltung. Indem die keilförmige Schreibspitze richtig aufgesetzt wird, erreicht man eine gut lesbare Schrift.

Dicke Striche assoziieren Sicherheit!

Speziell für Überschriften oder wichtige Textpassagen eignen sich dicke Flipchartstifte wie beispielsweise der Edding 800. Dabei handelt es sich um ein handelsübliches Produkt mit einer Strichbreite bis zu 12 mm. Besonders hier ist die Haltung des Stiftes beim Schreiben oder Zeichnen sehr wichtig. Dazu kommen wir aber noch im Detail. Die nächste Abbildung zeigt quasi den „Jumbo" unter den Flipchartstiften. Damit erreichen Sie eine weitere Steigerungsstufe in der Strichbreite.

Schmale Kante 5 mm

Breite Kante 16 mm

Der Edding 850 mit einer Strichbreite bis zu 16 mm demonstriert eindrucksvoll, welche Kraft durch Striche am Flipchart erzeugt werden kann.

Die Variationsmöglichkeit der Strichbreite ergibt sich nicht nur durch die unterschiedlichen Kanten, sondern auch mittels der Drehung des Stiftes.

Wichtige Regeln für eine plakative Schreibweise

Um ein plakativ geschriebenes Flipchart zu erhalten, sollten die folgenden Regeln eingehalten werden. Diese erleichtern Ihnen den Umgang mit den Flipchartstiften und bilden eine wichtige Vorstufe zum Zeichnen auf Flipcharts. Verzichten Sie allerdings auch unter Beibehaltung der folgenden Hinweise nicht auf Ihre eigene Kreativität und vor allem auch nicht auf die Besonderheiten Ihrer persönlichen Handschrift. Nützen Sie diese Hinweise, um Ihrem Schriftbild, unter Beibehaltung der persönlichen Note, ein plakativeres Erscheinungsbild zu geben.

Regel 1: Druckschrift statt Blockschrift

Diese erste Regel soll nicht bedeuten, dass Sie ausschließlich in Druckschrift schreiben müssen. Es ist aber ein wichtiger Hinweis darauf, dass ein Wort, wenn es in Druckschrift geschrieben ist, leichter lesbar ist. Wir lesen nicht Buchstabe für Buchstabe, sondern ein Wort als Gesamtes. Somit wirkt ein in Druckschrift geschriebenes Wort als kompakte Einheit und erleichtert daher die Lesbarkeit. Wenn Flipcharts vorwiegend in Blockschrift beschrieben werden, strengt das den Leser mehr an, und speziell in Abendseminaren hat dies zur Folge, dass die meistens schon müden TeilnehmerInnen noch müder werden. Sie können einen einfachen Test durchführen, um sich von der Richtigkeit dieser Aussage zu überzeugen. Schließen Sie bei der Durchführung dieser folgenden kurzen Leseübung Ihre Augen und öffnen Sie diese anschließend für wenige Bruchteile von Sekunden. Versuchen Sie, in dieser sehr kurzen Zeit zunächst das unten stehende Wort Blockschrift und anschließend das Wort Druckschrift zu lesen. Sie werden selbst merken, dass das Wort Druckschrift in diesem kurzen Augenblick leichter zu erfassen ist als jenes, welches in Blockbuchstaben geschrieben ist.

BLOCKSCHRIFT

Druckschrift

Leseübung

Ein weiterer Vorteil der Druckschrift ist, dass man weniger Platz für geschriebene Informationen benötigt. Falls Sie allerdings kurze Wörter als Überschrift in Blockschrift schreiben wollen, empfehle ich, in Konturen zu schreiben. Das wirkt meist plakativer und füllt den vorhandenen Platz aus.

Regel 2: Kompakt schreiben

Ein kompakt geschriebenes Wort erleichtert das Lesen und wirkt auch plakativer. Überzeugen Sie sich!

Kompaktheit hält die Wörter zusammen.

Fehlende Kompaktheit erschwert das Lesen.

Achten Sie auch auf die Kompaktheit der einzelnen Buchstaben innerhalb eines Wortes. Häufig werden bestimmte Buchstaben mit „Bäuchen" versehen, wie beispielsweise a, b, d. Somit wirken die einzelnen Wörter unregelmäßig und das Wort nicht mehr kompakt.

Regel 3: Kleinbuchstaben größer als die Hälfte der Großbuchstaben

Die Höhe des ersten am Flipchart geschriebenen Großbuchstaben bestimmt die Buchstabenhöhe am gesamten Flip. Ein wesentlicher Bestandteil einer plakativen Schreibweise ist die Buchstabenhöhe der verwendeten Kleinbuchstaben. Diese sollten auf keinen Fall kleiner als die Hälfte der Großbuchstaben sein, da ansonsten das Schriftbild sehr kindlich wirkt. Als Richtmaß eignet sich eine Höhe der Kleinbuchstaben von ⅔ der Großbuchstaben. Das verbleibende ⅓ der Großbuchstaben gegenüber der Höhe der Kleinbuchstaben entspricht auch der empfohlenen Höhe von Unterlängen. Meist sind die Unterlängen viel länger, woraus sich ein größerer Zeilenabstand ergibt. Dies führt zu einem unregelmäßig erscheinenden Gesamtbild des geschriebenen Textes.

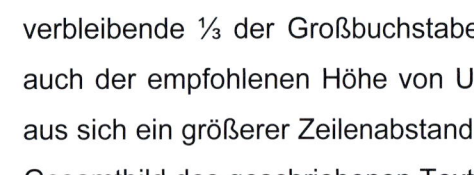

⅓
⅔
⅓

Regel 4: Die richtige Stiftkante verwenden

In Abhängigkeit davon, ob Sie dicke oder dünne Stifte verwenden, unterscheiden sich die jeweilig richtig eingesetzten Stiftkanten. Ich zeige Ihnen jetzt die drei von mir empfohlenen Stiftarten und deren richtigen Einsatz.

Stiftart	*Richtige Stiftkante*	*Information*
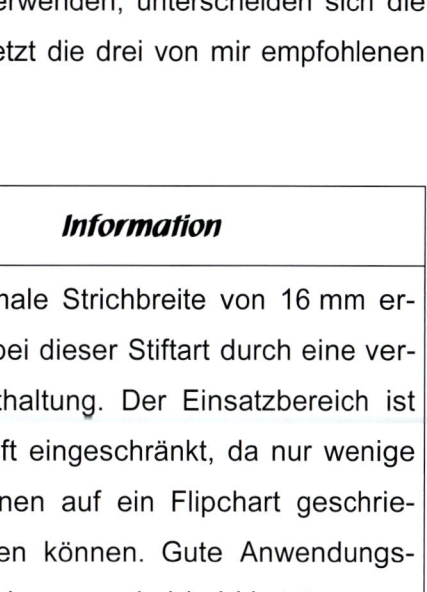		Die maximale Strichbreite von 16 mm erhält man bei dieser Stiftart durch eine vertikale Stifthaltung. Der Einsatzbereich ist dadurch oft eingeschränkt, da nur wenige Informationen auf ein Flipchart geschrieben werden können. Gute Anwendungsbereiche hingegen sind bei Vorträgen vor großem Publikum, um Stichwörter festzuhalten, kurzen Textpassagen, sowie zum Zeichnen von Rahmen.
		Häufig finden die Stifte mit einer Strichbreite von ca. 12 mm ihre Anwendung beim Schreiben auf Flipcharts. Durch eine richtige Stifthaltung bekommt das Schriftbild einen starken Ausdruck, vermittelt Sicherheit in der Aussage des Geschriebenen und wirkt sehr plakativ.
		Plakatives und vor allem schnelles Schreiben ermöglichen die gewöhnlichen Moderationsstifte. Auch hier wird die Längskante des Stiftes eingesetzt, um unter Ausnutzung der maximalen Strichbreite ein möglichst kraftvolles Schriftbild zu erhalten.

Keine Angst vor breiten Strichen!

Die häufigsten Fehler beim Schreiben mit Flipchartstiften

Fehlerart	*Fehlerbeschreibung / Korrekturvorschläge*
Mit der Stiftecke schreiben 	Der dicke Stift wird als dünner Stift verwendet. Oft geschieht dies aus eigener Überraschtheit bei zu dicken Strichen. Mit dünnen Strichen assoziiert man eigene Unsicherheiten und darunter leidet die Glaubwürdigkeit der getroffenen (geschriebenen) Aussage. Mit dem Schreiben auf der Stiftecke wird der Stift auch sehr schnell unbrauchbar.
Stiftkante wird weggedreht	Einer der häufigsten Fehler ist, dass die Stiftkante während des Schreibens weggedreht wird. Das passiert oft im Unterbewusstsein, weil einem der Strich zu dick erscheint oder aufgrund des fehlenden Druckes auf den Stift. Überprüfen Sie Ihre Stifthaltung (Zeigefinger in die Stiftmitte) und achten Sie auf einen kleinen Winkel des Stiftes zum Flipchart. So bekommen Sie ohne großen Kraftaufwand den bestmöglichsten Druck auf den Stift.
Benützung der Stiftfläche	Bei Verwendung der gesamten Stiftfläche verliert Ihr Schriftbild die Abwechslung der Strichstärken. Außerdem verschlieren die Striche am Strichanfang und -ende. Benützen Sie daher nicht die gesamte Stiftfläche.

Regel 5: Der Stift darf nicht gedreht werden

Die einzelnen Buchstaben eines Wortes, unabhängig von der jeweiligen Sprache, besitzen mehr vertikale als horizontale Strichanteile. Daher ist darauf zu achten, dass in den vertikalen Anteilen die volle Strichstärke eingesetzt wird.

Fixieren Sie daher den Stift in Ihrer Hand und drehen Sie den Stift während des Schreibens nicht. Wenn der Stift während des Schreibens auf einem Flipchart ein einziges Mal gedreht wurde, kann man es sehen. Ich stelle nun drei grundsätzliche Stifthaltungen vor, wobei man sofort den Sinn dieser wichtigen Regel erkennen kann.

Stifthaltung 0 Grad	Stifthaltung 45 Grad	Stifthaltung 90 Grad
Bewirkt: Breite vertikale und dünne horizontale Striche.	**Bewirkt:** Gleiche Breite bei vertikalen und horizontalen Strichen.	**Bewirkt:** Dünne vertikale und breite horizontale Striche.
Ergebnis: Kräftiges Schriftbild mit plakativem Erscheinungsbild.	**Ergebnis:** Schriftgröße kann kleiner gewählt werden. Ermöglicht schnelles Schreiben und wirkt dekorativ.	**Ergebnis:** Kraftloses Schriftbild – daher nicht empfehlenswert.

Probieren Sie die einzelnen Stifthaltungen aus und wählen Sie jene, wo das erzeugte Schriftbild Ihren Ansprüchen an ein plakatives Erscheinungsbild gerecht wird. Vermeiden Sie aber wenn möglich eine Stifthaltung in einem Winkel von mehr als 45 Grad.

Fixieren Sie den Stift!

Regel 6: Die Höhe der Buchstaben hängt ab vom verwendeten Stift

Abhängig von der erzeugten Strichstärke ist auch die Höhe der einzelnen Buchstaben. Bei einer Strichbreite von beispielsweise 12 mm beträgt die optimale Höhe von Großbuchstaben 120 mm, also den Faktor 10. Verringern Sie die Strichbreite durch eine Drehung des Stiftes, so hat das auch Auswirkungen auf die Buchstabenhöhe. Denken Sie daran, dass es wichtig ist, Ihrer Schrift einen Körper zu geben, um plakativ zu erscheinen. Schreiben Sie mit einem breiten Stift zu groß, so erscheint der Strich viel dünner. Gegenteiliger Effekt, nämlich ein zu kräftiges und daher schwer lesbares Schriftbild erhalten Sie, wenn Sie zu klein schreiben. Daher beachten Sie die Faustregel:

*Verwendete Strichbreite * 10 = optimale Höhe der Großbuchstaben!*

Weitere Gestaltungshinweise für Text-Charts

- **Headline nicht vergessen !**

Worum geht es jetzt? Eine Frage, die sofort beantwortet werden soll, um die Aufmerksamkeit der ZuhörerInnen auf den Inhalt und persönlichen Nutzen zu lenken. Daher ist es wichtig, dass jedes Chart eine Überschrift enthält. Diese sollte zentriert positioniert werden und durch Unterstreichen, Umrandung oder plakative Schrift bekräftigt sein.

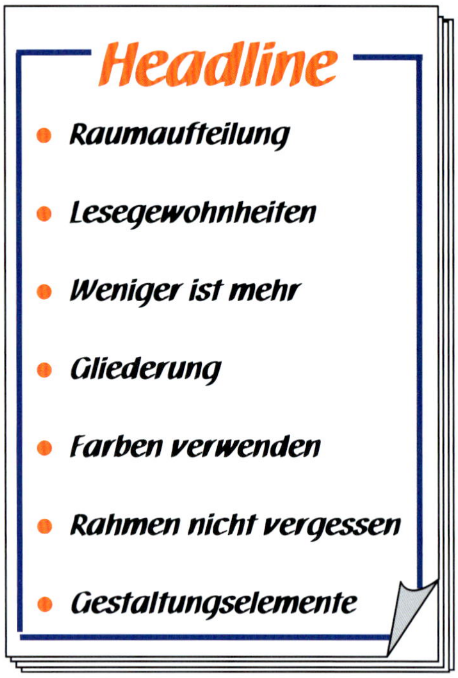

- **Raumaufteilung**

Es empfiehlt sich, gedanklich die Raumaufteilung zu planen, bevor man zu schreiben beginnt, damit der zur Verfügung stehende Platz genützt wird und die Übersicht gewahrt werden kann.

Headline

- Raumaufteilung
- Lesegewohnheiten
- Weniger ist mehr
- Gliederung
- Farben verwenden
- Rahmen nicht vergessen
- Gestaltungselemente

- **Lesegewohnheiten versus Hoffnungswinkel**

Entsprechend der Lesegewohnheiten schreibt man immer von links oben beginnend bis nach rechts unten endend. Werden hingegen positive Entwicklungen dargestellt, so wie beispielsweise Umsatzsteigerungen oder Einflussfaktoren, welche eine positive Entwicklung signalisieren, so empfiehlt sich eine Darstellung von links unten beginnend und diagonal über das Chart rechts oben endend.

- **Weniger ist mehr – kurze Sätze**

Beschränken Sie Ihre Aussagen auf das Wesentlichste. Schlüsselwörter oder Schlüsselsätze reichen aus, um das Wichtigste festzuhalten. Zuviel Text kann sich außerdem niemand merken.

- **Gliederung**

Überschriften, Zwischenüberschriften und Gliederungen ermöglichen die Bildung von optischen Blöcken und fördern die Überschaubarkeit.

- **Farbenwechsel ja, aber begrenzt**

Ein Farbenwechsel innerhalb eines Textes, um möglicherweise Wichtiges hervorzuheben, verfehlt oft die Wirkung. Meist leidet auch die Lesbarkeit darunter. Heben Sie die Wichtigkeit von Inhalten vorzugsweise mit zusätzlichen Gestaltungselementen in den Vordergrund. Ein Farbenwechsel empfiehlt sich vor allem bei Gliederungen oder Zwischenüberschriften. Grundsätzlich sollte man bei Textcharts nicht mehr als vier Farben verwenden.

- **Rahmen nicht vergessen**

Der Rahmen schließt eine Darstellung und sollte ein unbedingtes Muss bei jedem erstellten Flipchart sein. Ein Rahmen wird immer dick und kräftig gezeichnet.

- **Zusätzliche Gestaltungselemente verwenden**

Freie Grafiken, Symbole ebenso wie Pfeile und Linien bereichern ein Textchart zusätzlich. Wie solche grafisch ansprechend erstellt und dargestellt werden können, vermitteln die nachfolgenden Kapitel.

Zeichnen von Cartoons, los geht's!

Das Zeichnen von Cartoons ist leicht erlernt – jeder von uns kann es. In meinen zahlreichen Seminaren über kreative Flipchartgestaltung ist mir noch kein Mensch begegnet, der nicht zeichnen kann, zumindest nach dem Seminar haben es alle für sich selber erkannt. Auf meine Frage zu Seminarbeginn: „Welche der hier anwesenden Personen kann nicht zeichnen?" meldet sich in der Regel immer ein Drittel bis knapp über die Hälfte der SeminarteilnehmerInnen, welche selbst noch daran glauben, nicht zeichnen zu können. Gemeint ist in vielen Fällen, dass man nicht schön genug zeichnet. Wie bereits schon erwähnt, sind diese Gedanken oft Relikte aus der Schulzeit. Ich zeige Ihnen in diesem Abschnitt, wie einfach es sein kann, Gesichter zu zeichnen und mit einem Ausdruck zu versehen. Versuchen Sie zunächst schrittweise folgende einfache Strichfolgen nachzuzeichnen und sensibilisieren Sie sich auf die Wichtigkeit einzelner Striche und deren Wirkung.

Die Mimik von Cartoons

Beginnen wir zunächst mit dem Zeichnen eines Kreises. Jede Grundform besteht meist aus nur zwei Elementen: Aus Kreisen und Ellipsen. Damit alleine können Sie Menschen und Tiere beliebiger Art zeichnen. Doch dazu später.

Nachdem Sie einen Kreis gezeichnet haben, vierteln Sie diesen, damit ein räumliches Vorstellungsvermögen entstehen kann, wo Nase, Augen und Mund positioniert werden. Um die Einfachheit eines Gesichtsausdruckes zu erkennen, verzichten wir zunächst auf weitere optische Zusätze wie jene der Haare, Ohren oder Körper.

Weiter geht es mit dem Zeichnen, indem wir die Nase und Augen ebenfalls in einer Kreisform „Kompakt" in der Gesichtsmitte positionieren. Achten Sie dabei darauf, dass die Kreise der Nase und Augen zunächst dieselbe Größe besitzen sollen und nicht zu klein gezeichnet werden. Der zur Verfügung stehende Raum der Grundform sollte dabei ausgenützt werden, so dass der innere Ausdruck auch für den Betrachter Wirkung zeigt. Empfehlenswert ist, die Zeichenfolge Nase, Augen, Mund auch in Zukunft beizubehalten.

Richtige Zeichenfolge: Nase, Augen, Mund!

Die Pupillen der Augen werden ebenfalls in Kreisform gezeichnet. Deren Größe aber ist zunächst nicht so wichtig, beinhaltet aber in weiterer Folge weitere kreative Gestaltungsansätze. Unabhängig von der Pupillengröße sollten aber die Pupillen immer mit scharfen Konturen gezeichnet werden. Ein ganz besonderes Augenmerk sollte man auf die Augenbrauen lenken, da diese, zunächst nur als einfacher Strich gezeichnet, viel an Ausdruck mitbestimmen oder verändern. Den Mund symbolisieren wir einstweilen ebenfalls nur mit einem geraden Strich. Somit haben Sie bereits Ihr erstes Gesicht gezeichnet. Nun verändern wir in weiterer Folge die einzelnen Formen und können gespannt sein, wie sich damit der jeweilige Gesichtsausdruck mitverändert.

WIE SCHAUT JEMAND, DER FREUNDLICH IST?

Versuchen Sie selbst freundlich auszusehen und beobachten Sie dabei, was sich in Ihrem Gesicht verändert. Achten Sie dabei speziell auf die Augen, Augenbrauen und den Mund. Dabei werden Sie erkennen, dass die Augen offen sind, die Augenbrauen sich nach oben richten und der Mund geschlossen ist – Vorsicht: Noch nicht lachen!

Zeichnen Sie nun ein fröhliches Gesicht in den vorgegebenen Kreis!

Tipp: Gesichtsausdruck nachahmen, Veränderungen in Ihrem Gesicht wahrnehmen und dann zeichnen.

WIE SCHAUT JEMAND, DER HERZHAFT LACHT?

Betrachten Sie sich selbst im Spiegel und versuchen Sie dabei herzhaft zu lachen. Wie sehen Ihre Augen aus, wo sind Ihre Augenbrauen und was können Sie in Ihrem Mund sehen?

Wenn jemand herzhaft lacht, sind die Augen geöffnet, die Augenbrauen oben und im geöffneten Mund können Sie die Zähne, Zunge und vielleicht auch das Gaumenzäpfchen sehen. Eine oft zu sehende Darstellung eines Mundes, welcher herzhaftes Lachen symbolisieren soll, ist folgende:

Dieser Mund stellt ein einfaches Lachen dar, hat aber mit einem herzhaften Lachen nichts zu tun.

Dazu kommen dann noch die Stockzähne in den Vordergrund. Willkommen bei Halloween!

Tipp: Verbinden Sie die Unterlippe mit der Oberlippe eines Mundes nicht beim Mundwinkel miteinander.

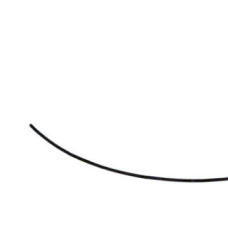

Zeichnen Sie mit mir schrittweise ein herzhaftes Lachen. Den Beginn macht die Oberlippe, welche beide Mundwinkel nach oben richtet.

Machen Sie zeichnerisch den Mund weit auf. Je offener der Mund ist, desto fröhlicher wird das Lachen und bietet gleichzeitig die Möglichkeit, die das herzhafte Lachen bestimmenden Elemente (Zähne, Zunge, Gaumenzäpfchen) hineinzuzeichnen.

Wenige Striche, viel Ausdruck! Das ist die Devise beim Flipchartzeichnen. Daher zeichnet man auch die Zähne sehr einfach, wobei es hier vielerlei Facettenreichtum gibt. Verzichten sollte man auch zunächst auf das Zeichnen von Zahnzwischenräumen, da dies in den meisten Fällen eher ein Kariesproblem als eine schöne Zahnreihe assoziiert.

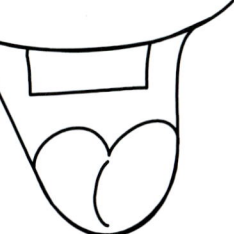

Das Wichtigste bei einem herzhaften Lachen ist die herzförmige Zunge. Dabei sollte man darauf achten, dass diese nicht zu klein wird. Viel Platz, großes Volumen für eine wie ein Herz gezeichnete Zunge. Wesentlich ist der Strich in der Mitte der Zunge. Dieser prägt das natürliche Aussehen.

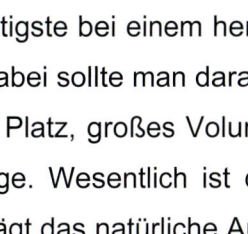

Falls Ihr Mund den Perfektionsansprüchen noch nicht genügt, so bereichern Sie Ihr herzhaftes Lachen noch mit Farbe. Eine knallig rote Zunge bringt Ihr Cartoon und auch die Betrachter zum Lachen, möglicherweise in diesem Moment auch Sie.

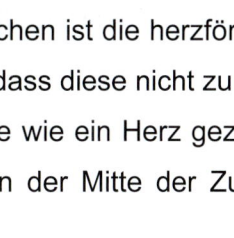

Wer dennoch noch nicht genug hat, kann optional auch noch das Gaumenzäpfchen, hier als einfacher Tropfen gezeichnet, berücksichtigen. Ich empfehle dieses nur dann zu zeichnen, wenn man wirklich genügend Platz dafür hat, d. h. der Mund weit geöffnet ist.

Zeichnen Sie nun den Mund in unsere Grundform. Zu beachten ist, dass die Oberlippe knapp unter der Nase positioniert werden soll, damit der Mund weit geöffnet werden kann. Falls es der Platz nicht zulässt, verzichtet man auf das Gaumenzäpfchen.

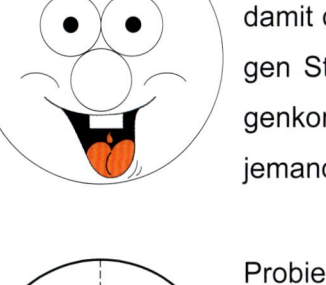

Last but not least gehören noch dynamische Akzente in ein Gesicht, damit das Lächeln nicht statisch bleibt. Bringen Sie den Mund mit wenigen Strichen zur Bewegung und heben Sie ebenso einfach die Wangenkontur in den Vordergrund. Somit hat sich die Frage „Wie schaut jemand, der herzhaft lacht?" eben von alleine beantwortet.

Probieren Sie nun selbst ein herzhaft lachendes Cartoon zu zeichnen!

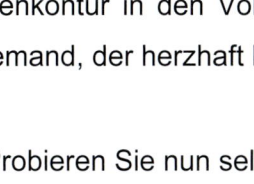

Vergessen Sie nicht auf die Dynamik!

WIE SCHAUT JEMAND, DER MISSTRAUISCH IST?

Misstrauischen Gesichtern begegnen wir im täglichen Leben des Öfteren. Beobachten Sie bei Gelegenheit ein solches Gesicht mal etwas genauer. Dabei fallen einem folgende Gesichtszüge auf. Die Augen bekunden keine Offenheit, indem diese durch die Augenlider bedeckt sind. Die Augenbrauen neigen sich abwärts in Richtung Nase und der geschlossene Mund mit nach unten gerichteten Mundwinkeln kennzeichnen zusätzlich einen solchen Gesichtsausdruck.

Beginnen wir wieder damit, in unsere Grundform Nase und Augen einzuzeichnen. Um ein vorhandenes Misstrauen zu verstärken, schließen wir ein Auge gänzlich, indem wir nur die Falten zeichnen. Das andere Auge wird durch das Augenlid teilweise verdeckt.

Maßgeblich sind auch die Augenbrauen, welche bei negativen Gefühlslagen wie beispielsweise Wut, Ärger oder Misstrauen immer in Richtung Nase gezeichnet werden. Der geschlossene Mund verstärkt die vorhandene Stimmung.

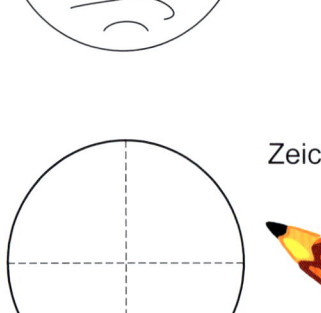

Vervollständigen Sie Ihre Zeichnung wiederum mit dynamischen Aspekten. In diesem Fall können die Kinnfalte und Falten um die Augenbrauen als zusätzliche zeichnerische Verstärker eingesetzt werden.

Zeichnen Sie nun ein Cartoon, das misstrauisch schaut!

Bei negativen Stimmungen Augenbrauen in Richtung Nase zeichnen!

WIE SCHAUT JEMAND, DER SICH ÄRGERT?

Na und, heute schon geärgert? Auch wenn es nicht leicht fällt, betrachten Sie sich beim Ärgern mal im Spiegel und beobachten dabei Ihren Gesichtsausdruck! Wut, Hass und Ärger bewirken beim Betrachter meist unangenehme Gefühle. Mancherorts hört man auch: „Der sieht ja aus, als ob er einen gleich fressen will!". Genauso wollen wir den Ärger symbolisieren.

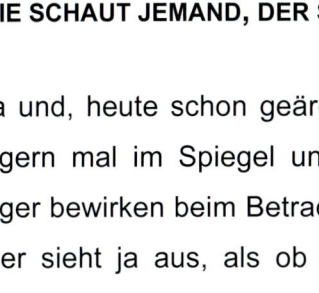

Offene Augen, die Pupillen in die Augenmitte und die Augenbrauen im steilen Winkel nach unten in Richtung Nase zeichnen.

Den Mund platzfüllend zeichnen und viel Zähne zeigen, um dem Ärger Raum zu geben. Durch starke Konturen der Augen beinhaltet dieser Ausdruck ein weiteres zeichnerisches Element, um negative Assoziationen zu wecken. Zusätzlich gezeichnete Falten an der Augenunterseite, Wangen und Kinn steigern die Mimik.

 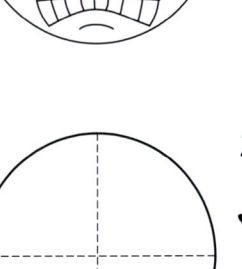

Durch einfache zusätzliche Strichelemente kann man dann so richtig den Dampf ablassen.

 Zeichnen Sie nun ein Cartoon mit ärgerlichem Gesichtsausdruck!

Beim Ärgern viele Zähne zeigen!

WIE SCHAUT JEMAND, DER STAUNT?

Staunen Sie mal so richtig und nehmen Sie die Veränderungen im Gesicht bewusst wahr.

Speziell bei den Augenbrauen verspürt man einen Druck zum Gesichtsrand. Dieser Zustand wird etwas übertrieben dargestellt, indem man die Augenbrauen nach außen zeichnet. Die Augen selbst sind dabei weit geöffnet, also keine Augenlider sichtbar.

Der typische Laut bei staunenden Menschen, ein oft kaum wahrzunehmendes „Ooooohhhhh", kennzeichnet bei diesem Cartoonausdruck die Mundform. Kein Kreis, sondern eine O-förmige Ellipse zeichnet den Mund bei staunenden Menschen aus.

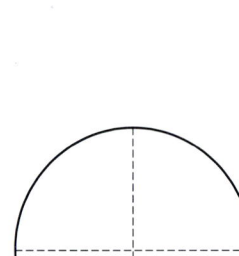

Auch hier lassen sich dynamische Verstärker einfach einsetzen. Ein Vibrieren um den Mund ist mit einfachen Strichen darzustellen. Denken Sie daran, dass jeder Strich auch sichtbar sein muss, d. h. kraftvoll den Stift einsetzen.

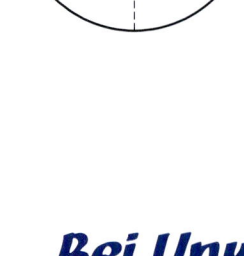

Zeichnen Sie nun ein Gesicht mit einem Staunen als Ausdruck!

Bei Unwissenheit und Hoffnungslosigkeit Augenbrauen nach außen zeichnen!

WIE SCHAUT JEMAND, DER SICH FÜRCHTET?

Ausgehend von der Grundstruktur eines staunenden Gesichts, wo die Augenbrauen Unsicherheiten vermitteln und die offenen Augen in diesem Fall etwas völlig Unerwartetes erahnen lassen, wird der Gemütszustand Furcht wiederum mit einem offenen Mund dargestellt.

Annähernd wie eine liegende Acht, wobei in der Mitte Platz für eine Zunge vorgesehen sein kann (optional), bringt dieser Mund dem Betrachter den vorhandenen Gemütszustand näher. Da der Mund beim Fürchten weit offen ist, lassen sich sogar die Stockzähne blicken.

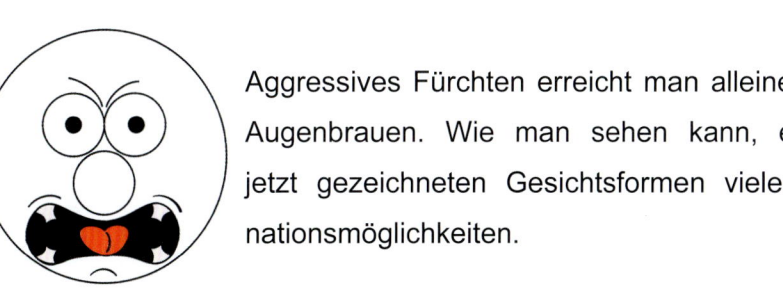

Kinn, weiterführendes Zittern in den Mundwinkeln und bei den Augen lassen den Furchtzustand deutlich erahnen. Zähne und Zunge können bei zuwenig Platz auch weggelassen werden.

Aggressives Fürchten erreicht man alleine durch die Veränderung der Augenbrauen. Wie man sehen kann, ermöglichen bereits die bis jetzt gezeichneten Gesichtsformen vielerlei unterschiedliche Kombinationsmöglichkeiten.

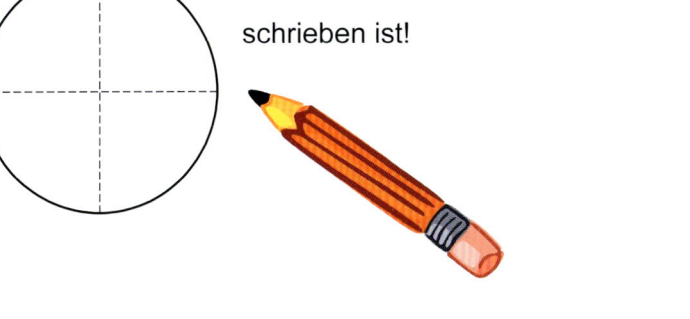

Zeichnen Sie nun ein Cartoon, welchem das Fürchten ins Gesicht geschrieben ist!

Das Kombinieren verschiedener Gesichtsmerkmale ergibt neue Gestaltungsansätze!

WIE SCHAUT JEMAND, DER TRAURIG IST?

Hoffnungslose Traurigkeit wird verstärkt, indem man die Augenbrauen wiederum nach außen zeichnet.

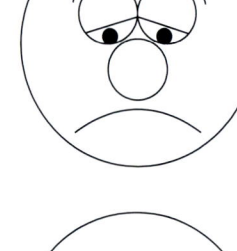

Traurigkeit ist auch bestimmt durch einen getrübten, nach unten gerichteten Blick und geschlossenen Mund.

Auch das Kinn kann hier zusätzlich als Verstärker eingezeichnet werden. Weitere Möglichkeiten und zusätzliche Perspektiven werden hier gezeigt.

UND SO SCHAUT JEMAND, DER BITTERLICH WEINT!

Tränen symbolisieren ein hohes Maß an Traurigkeit und Verzweiflung. Zu beachten ist, dass Tränen, die optisch in den Vordergrund treten sollen, größer gezeichnet werden. Somit erreicht man zeichnerisch quasi eine dritte Dimension und das Bild beginnt förmlich zu erwachen.

Bewusstes Übertreiben beim Zeichnen bringt eine zusätzliche Perspektive ins Bild!

Mit Wachsmalblöcken bringen Sie Farbe in Ihr Bild

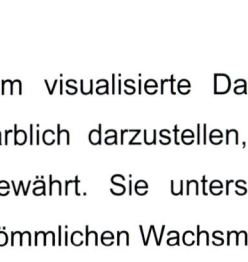
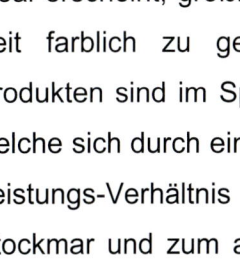

Schließen Sie für einen kurzen Moment Ihre Augen und denken an ein sattes, freundliches Mittelblau. Und jetzt an ein knalliges Rot. Merken Sie etwas? Die Visualisierung von Farben kann die Stimmung des Menschen verändern und zum Positiven oder Negativen beeinflussen. Daher sind Farben ein sehr hilfreiches Mittel beim Präsentieren von Informationen. Farben transportieren die Aussage besser und beeinflussen auch die Einstellung des Betrachters. Die Auswahl der Farben und die Art ihrer gemeinsamen Verwendung können eine starke Wirkung auf Ihr Publikum haben.

Um visualisierte Darstellungen beim Flipchartzeichnen farblich darzustellen, haben sich Wachsmalblöcke sehr bewährt. Sie unterscheiden sich gegenüber den herkömmlichen Wachsmalstiften durch ihre Form, die nahezu ideal erscheint, großflächige Darstellungen in sehr kurzer Zeit farblich zu gestalten. Neben der Vielzahl von Produkten sind im Speziellen zwei Hersteller zu nennen, welche sich durch eine hohe Qualität und ein gutes Preis-Leistungs-Verhältnis positioniert haben. Das sind zum einen die Wachsmalblöcke von Stockmar und zum anderen jene von Giotto (vormals Lyra). Ich persönlich benütze beide Arten in Kombination, da jedes Produkt für sich einzelne Vorteile besitzt und die spezifischen Nachteile in der Kombination beider Malblöcke kompensiert werden.

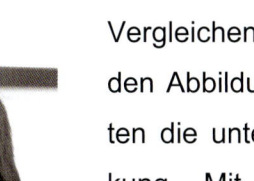

Vergleichen Sie nun die beiden Abbildungen und bewerten die unterschiedliche Wirkung. Mit einer farblichen Gestaltung erreicht man eine ungemein höhere Aussagekraft, Akzeptanz und Professionalität. Und das alles in nur wenigen Augenblicken.

Farbgestaltung und ihre Wirkung

Farben wirken auf verschiedenste Weisen auf Menschen. Gerade in der Flipchartgestaltung ist neben der optischen Wirkung auch die psychologische Wirkung maßgeblich. Empfindungen, Stimmungen und symbolische Wirkungen lassen sich durch eine gezielte Farbgestaltung erreichen. Die wichtigsten Farbtöne und ihre Bedeutung sind daher hier kurz erläutert:

Rot ist die wärmste Farbe, die wir kennen, aber auch die dynamischste und aggressivste Farbe. Rot regt psychisch und physisch an, fördert körperliche Arbeit und Bewegung und ist Energie pur. Rot bedeutet für uns Leben und ist die Farbe unseres Blutes.

Gelb bringt Sonne ins Gemüt und verscheucht trübe Stimmung. Die Farbe Gelb fördert die Konzentration, den Lerneifer und wirkt sich positiv auf das Gedächtnis aus. Gelb regt nicht nur geistig an, sondern fördert auch das Gespräch.

Grün ist die ausgleichendste Farbe. Grün hat eine beruhigende Wirkung und symbolisiert Hoffnung und Zufriedenheit. Grün versetzt die Seele in positive Schwingungen, weckt die Lust auf Neues, auf Entdeckungen und gilt als Quell der Kreativität. Grün kann man weder als warme noch als kalte Farbe bezeichnen. Eine Abtönung mit Blau macht Grün wesentlich kälter und aggressiver. Frisches, helles Grün sollte als Farbe nie zu kurz kommen.

Blau ist eine kühle Farbe und ist die Farbe der Ruhe, der Entspannung, der Ausgeglichenheit, der Treue und Harmonie.

Orange ist die tatkräftigste Farbe. Orange erzeugt eine heitere, gelöste Atmosphäre, wirkt stimulierend, strahlt Wärme und Gemütlichkeit aus und ist eine freundliche soziale Farbe. Sie bedeutet Expansion und Extrovertiertheit. Orange hat eine Signalwirkung und steht für eine warme und offene Heiterkeit.

Rosa ist die Farbe der Herzensliebe und hilft unserem Herzen, dass wir unseren Gefühlen Ausdruck verleihen können. Die Farbe Rosa besänftigt, macht empfänglich für die Stimmungen anderer Menschen und baut Aggressionen ab. Sie verbindet die Reinheit von Weiß mit der Kraft von Rot.

Violett wirkt feierlich, macht passiv und wirkt beruhigend und ist daher sowohl eine künstlerische als auch metaphysische Farbe. Sie ist auch die Farbe der Alchemie, Magie, kosmischen Energie, Inspiration und spirituellen Erfahrung.

Braun strahlt Gemütlichkeit aus. Je höher der Gelbanteil in der Farbe ist, desto beruhigender und ausgleichender ist die Wirkung.

Farben beleben und erzeugen Stimmung!

Tipps zur Anwendung von Wachsmalblöcken

- **Kombinieren Sie Flipchartstifte und Wachsmalblöcke**

Konturen sind wichtig, um eine Abgrenzung zu anderen gezeichneten Elementen darzustellen. Daher empfehle ich Konturen mit Flipchartstiften, in der Regel mit der Farbe Schwarz, zu zeichnen. Schwarz deshalb, da ein starker Kontrast zu den weiteren Farben entstehen kann und ein zu umfangreicher Farbenmix verhindert wird.

- **Benützen Sie vorwiegend die Längskante von Wachsmalblöcken**

Beim Einsatz von Wachsmalblöcken können tolle Effekte erreicht werden, wenn man eine Längskante und nicht die Fläche des Blockes verwendet. Durch eine richtige Haltung und Druckverteilung lassen sich plastisch wirkende Effekte erzeugen. Dies bewirkt beim Betrachten von Figuren oder Symbolen ein räumliches Aussehen. Steuern können Sie den Farbverlauf durch einen unterschiedlichen Anpressdruck des Wachsmalblockes. Versuchen Sie, gemäß der Abbildung, durch verstärktes Drücken mit dem Zeigefinger oder Ringfinger, unterschiedliche Farbverläufe zu erreichen.

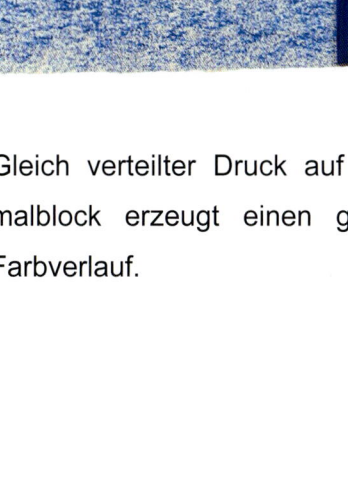

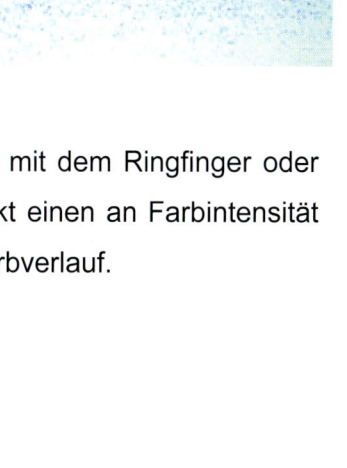

Gleich verteilter Druck auf den Wachsmalblock erzeugt einen gleichmäßigen Farbverlauf.

Verstärkter Druck mit dem Ringfinger oder Zeigefinger bewirkt einen an Farbintensität abnehmenden Farbverlauf.

- **Vorgezeichnete Konturen mit Wachsmalblöcken verstärken**

Verstärken Sie die mit Flipchartstiften gezeichneten Konturen nochmals mit Wachsmalblöcken. Dadurch erhalten Sie ein sehr plakatives Erscheinungsbild.

- **Von oben nach unten malen**

Durch richtige Druckverteilung am Wachsmalblock lassen sich also unterschiedliche Effekte erzeugen. Eine „kraftschonende" Anwendung gelingt dann, wenn man den Wachsmalblock von oben nach unten führt bzw. die Strichführung zur eigenen Person hin gerichtet ist. Ziehen und nicht schieben, so lautet der Grundsatz! Wenn man die Malbewegung von der eigenen Person wegführt, wird der zusätzliche Widerstand, welcher durch die Blattoberfläche erzeugt wird, spürbar. Durch zusätzlichen Kraftaufwand muss dieser ausgeglichen werden, um einen gleichmäßigen Farbverlauf zu erzeugen.

Verschiedenen Grundformen ein Gesicht geben

Nachdem wir nun verschiedene Gesichtsausdrucksformen und die Anwendung von Wachsmalblöcken kennengelernt haben, wollen wir anhand einfacher Beispiele kreative Darstellungen zeichnen.

Holzstrukturen leicht gezeichnet

Mit einer unregelmäßig angeordneten Strichfolge in einer vorgegebenen Grundform lassen sich ganz einfach holzähnliche Strukturen erzeugen. Ideal beispielsweise für einen Baum, einen Bilderrahmen oder ein Holzschild.

Zeichnen Sie die Außenkonturen eines Baumstammes und fügen innerhalb der Kontur Striche mit unterschiedlicher Länge hinzu. Diese sollten nicht regelmäßig und auch nicht zu kurz sein!

Verstärken Sie die mit Flipchartstift gezeichneten Konturen zusätzlich mit einem braunen Wachsmalblock, sodass diese in weiterer Folge einen stärkeren Kontrast darstellen.

Füllen Sie die Baumkontur jetzt mit Ihrer Füllfarbe. Vergessen Sie dabei auch nicht die Farbe Gelb, die, wie bereits im Kapitel „Farbgestaltung und ihre Wirkung" erwähnt wurde, einen braunen Farbton noch gemütlicher wirken lässt. Setzen Sie dem Baum noch eine Krone auf und fertig ist Ihr Naturschauspiel.

Ebenso einfach lassen sich Holzschilder zeichnen. Verleihen Sie diesen einen zusätzlichen natürlichen Ausdruck, indem das Holzschild angeschraubt oder wie ein Bild an einen Nagel gehängt wird. Die folgenden zwei Beispiele demonstrieren, wie einfach das geht. Der Anwendungsbereich ist ebenso vielfältig wie die Darstellungsarten.

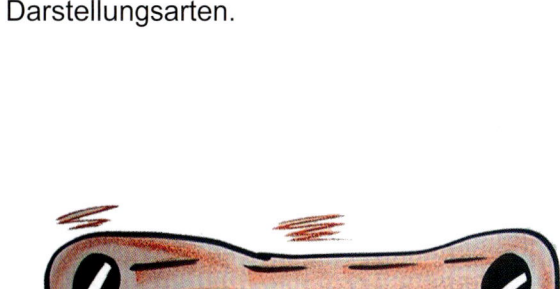

Von der lachenden Banane bis zur verschreckten Karotte

Versuchen Sie jetzt einmal alltäglichen Dingen oder Gegenständen einen Gesichtsausdruck zu verleihen. Gut geeignet sind beispielsweise Obst- und Gemüseformen. Zeichnen wir daher zunächst eine lachende Banane, dann einen sauren Apfel, eine traurige Birne und eine verschreckte Karotte.

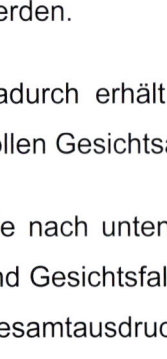

- **Grundform zeichnen**

  Bedenken Sie dabei genügend Platz für das nachfolgende Gesicht vorzusehen. Den Stängel zeichnet man bewusst größer, um eine unterschiedliche räumliche Entfernung vorzutäuschen.

- **Gesichtsausdruck**

  Gesichtsausdruck entsprechend der richtigen Zeichenfolge Nase, Augen, Mund zeichnen.

- **Farblich gestalten**

  Betonen Sie die mit Flipchartstiften gezeichneten Konturen zusätzlich durch starkes Andrücken des Wachsmalblockes und lassen Sie die Farbe zur Bildmitte eher verblassen.

Na, der schaut aber sauer! Durch die voluminöse Grundform des Apfels sollten Nase, Augen und Mund relativ groß gezeichnet werden.

Dadurch erhält man auch einen wirkungsvollen Gesichtsausdruck.

Die nach unten gezeichneten Augenbrauen und Gesichtsfalten verstärken den negativen Gesamtausdruck.

Eine traurige Birne lässt einfach alles hängen, sogar ihren Birnenstängel.

Die fast geschlossenen Augen, der nach unten gerichtete Blick und die seitlich gezeichneten Augenbrauen kennzeichnen einen traurigen Gesichtsausdruck.

Tränen, in unterschiedlicher Größe gezeichnet, komplettieren das Bild.

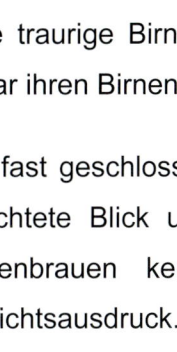

Eine knackige Walnuss hingegen lässt sich den Tag nicht verderben.

Der Mund wird gleich in die natürliche Form der Nuss integriert.

Die heraushängende Zunge symbolisiert gleichzeitig einen guten Geschmack.

Wie man auch an unserer Karotte sehen kann, lassen sich die bisher dargestellten Gesichtsausdrucksformen miteinander kombinieren.

Daraus entstehen wiederum neue Ausdrucksformen. Experimentieren Sie und schaffen Sie sich Ihre eigenen persönlichen Gesichter und Symbole.

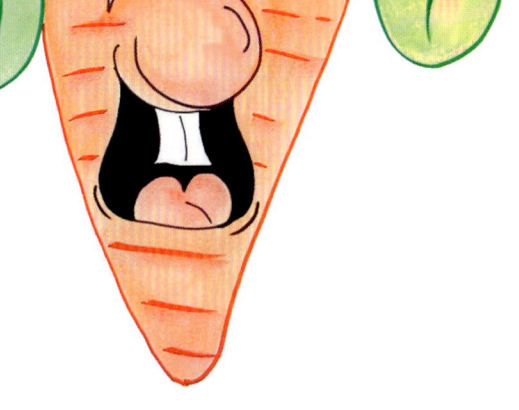

Kreative Symbole zum Selberzeichnen

Ein gedanklicher Rückblick auf das bisher Er-
lernte zeigt, dass es relativ einfach sein kann,
kreative Flipcharts zu erstellen. Wie hier die Abbildung symbolisiert, erzeugen kreative Darstellungen nicht nur Freude bei den Betrachtern,
sondern wecken auch Interesse. Schließlich
geht es auch darum, den Spaß am kreativen
Zeichnen zu fördern. Bisher haben wir gelernt,
wie einfache Cartoongesichter zu zeichnen sind
und wie unterschiedliche Dinge zeichnerisch mit
Stimmungsausdrücken versehen werden können. Dieses Kapitel stellt Ihnen nun eine Sammlung von typischen im Bereich der Erwachsenenbildung verwendeten Symbolen vor. Diese
verwendet man, um gedankliche Verknüpfungen
bzw. Assoziationen zwischen fachlichen Begrif-

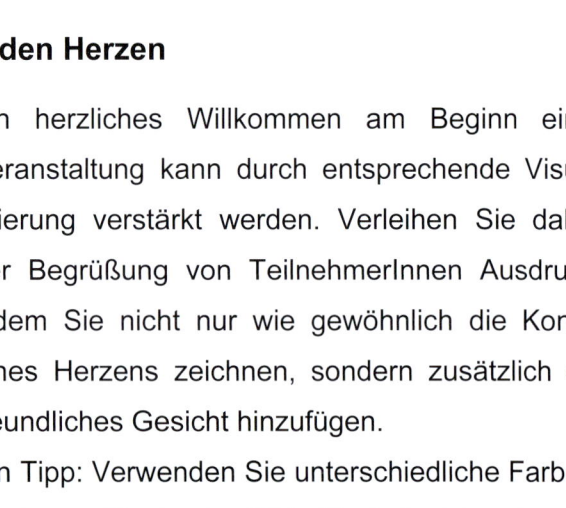

fen und Bildern zu erreichen. Dadurch erreicht man einerseits eine verbesserte Verständlichkeit von neuen Informationen und verlängert andererseits zusätzlich den Behaltenswert. Ich
zeige Ihnen nun Tipps und Tricks, wie die in Kursen und Seminaren häufig verwendeten
Symbole, beispielsweise eine Wolke, eine Glühbirne oder ein Weg, zu kreativen und ansprechenden Darstellungen werden.

Herzlich willkommen mit einem lachenden Herzen

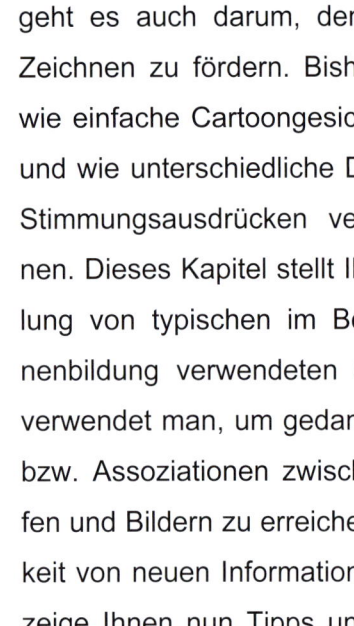

Ein herzliches Willkommen am Beginn einer
Veranstaltung kann durch entsprechende Visualisierung verstärkt werden. Verleihen Sie daher
der Begrüßung von TeilnehmerInnen Ausdruck,
indem Sie nicht nur wie gewöhnlich die Kontur
eines Herzens zeichnen, sondern zusätzlich ein
freundliches Gesicht hinzufügen.

Ein Tipp: Verwenden Sie unterschiedliche Farben.
Beginnen Sie in der Bildmitte beispielsweise mit
der Farbe Gelb, dann ein belebendes Orange und
als Begrenzung ein kräftiges Rot, die Farbe des
Herzens.

Die Wolke als Begrenzung einer Überschrift

Ein weiterer Symbol-Klassiker ist die Wolke, welche oft bei Überschriften verwendet wird. Um eine bessere Ausdrucksfähigkeit zu erreichen wird die Form der Außenkontur im Inneren der Wolke nochmals verkleinert gezeichnet und mit zusätzlichen dynamischen Strichen außerhalb der Wolke versehen. Abschließend bringen Sie mithilfe von Wachsmalblöcken noch Farbe ins Bild.

Die Glühbirne als Symbol für eine Idee

Für die Visualisierung einer Idee verwendet man gerne das Symbol einer leuchtenden Glühbirne.

- Zunächst wird die Außenkontur des Sockels einer Glühbirne gezeichnet. Anschließend das Gewinde und der unten sichtbare Lötpunkt hinzugefügt.

- Achten Sie auch auf die Einfachheit des Glühfadens.

- Zuletzt bekommt unsere Glühbirne noch einen Glaskörper. Leuchtende Farben vervollständigen die Darstellung.

Zielerreichung visualisieren

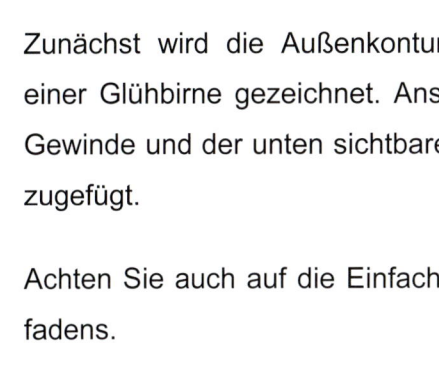

Start- oder Zielflaggen lassen sich mit zwei Holzstämmen und einer Flagge darstellen. Beim zeichnerischen Anbinden der Flagge führen Sie den Stift gedanklich so, als wenn Sie den Faden tatsächlich befestigen würden. Gestalten Sie das Ende des Fadens unterschiedlich, indem Sie beispielsweise zusätzlich noch eine Masche zeichnen.

Die Sonne als Ausdrucksmittel

„Wende dein Gesicht zur Sonne, dann fällt der Schatten hinter dich". So oder so ähnlich könnte der Sinnspruch zu diesem Bild lauten. Auch hier wird die Zeichenfolge Nase, Augen (hier geschlossen mit Falten zur Nase hin gezeichnet) und Mund eingehalten. Diesmal allerdings ohne Zunge, dafür aber mit strahlendem Lächeln. Die Sonnenstrahlen werden in unregelmäßigen Strahlenbündeln dargestellt. Mit wenigen Strichen gezeichnet und mit warmen Farben ausgestattet, strahlt diese Sonne sehr ausdrucksstark.

Glasscheiben zerbrechen, Papier zerreißt

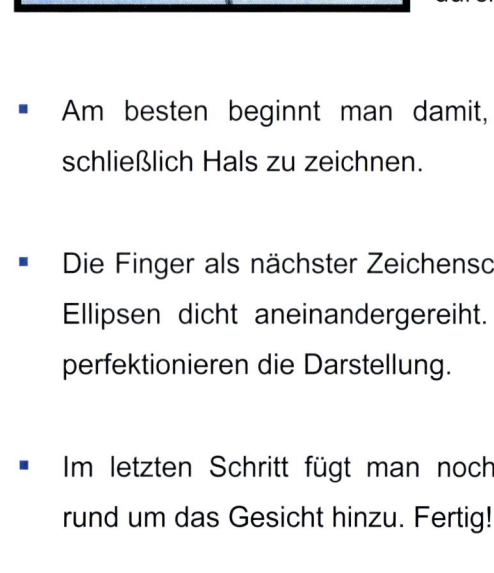

Wenn man eine zerbrochene Glasscheibe oder ein zerrissenes Papier darstellen möchte, so zeichnet man in der Regel fünf oder sechs geschwungene Linien und fügt an der Außenseite der Linien dynamische Strichfolgen gemäß der nebenstehenden Abbildung hinzu. Dadurch kann man unterschiedlichste Kreationen in Verbindung mit Gesichtern und Symbolen darstellen. So wie auch auf der nächsten Flipchartabbildung, wo eine Cartoonfigur ihren Kopf mitten durch eine Glasscheibe steckt.

- Am besten beginnt man damit, das Cartoongesicht einschließlich Hals zu zeichnen.

- Die Finger als nächster Zeichenschritt sind lediglich einzelne Ellipsen dicht aneinandergereiht. Gezeichnete Fingernägel perfektionieren die Darstellung.

- Im letzten Schritt fügt man noch die erforderlichen Linien rund um das Gesicht hinzu. Fertig!

Ein Weg als Symbol

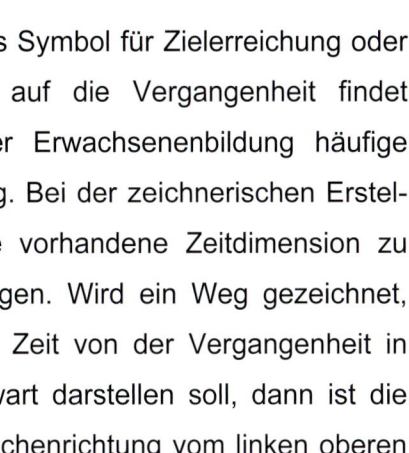

Der Weg als Symbol für Zielerreichung oder Rückschau auf die Vergangenheit findet auch in der Erwachsenenbildung häufige Verwendung. Bei der zeichnerischen Erstellung ist die vorhandene Zeitdimension zu berücksichtigen. Wird ein Weg gezeichnet, welcher die Zeit von der Vergangenheit in die Gegenwart darstellen soll, dann ist die korrekte Zeichenrichtung vom linken oberen Blattrand zum rechten unteren. Wenn Sie die nebenstehende Abbildung betrachten, dann können Sie auch sehen, dass der Weg am Beginn, also links oben, schmäler gezeichnet ist als rechts unten. Somit wird die Sicht in die Vergangenheit optisch dargestellt. Eine Wegdarstellung von der Gegenwart in die Zukunft zeichnet man links unten beginnend nach rechts oben verlaufend. Im rechten oberen Blattwinkel befindet sich immer der sogenannte Hoffnungswinkel. Denken Sie dabei an die Darstellung einer positiven Umsatzsteigerungskurve.

Der Platz für die Darstellung positiver Entwicklungen ist rechts oben am Flipchart. Man nennt ihn Hoffnungswinkel!

Wichtige Hinweise mit einer Lupe vergrößern

Um wichtige Detailinformationen optisch hervorzuheben eignet sich dazu hervorragend eine Lupe. Um den Vergrößerungseffekt sichtbar zu machen, wird die Schrift innerhalb der Lupe in Konturen geschrieben. Dadurch erhält die Schrift einen ausdrucksstarken Körper und dient als geeigneter Eyecatcher.

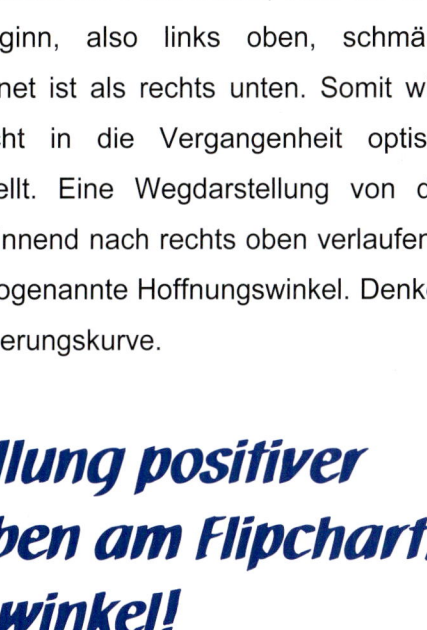

Bücher leicht gezeichnet

Das Buch als Symbol für Wissen, Inhalte und Lernen kann ebenfalls vielseitig in der Erwachsenenbildung verwendet werden. Nur mit wenigen Strichen und ein wenig Kreativität lassen sich ganz unterschiedliche Buchformen visualisieren. Hier ein einfaches Beispiel Schritt für Schritt dargestellt:

1) Oben und unten zeichnen Sie zuerst einen leicht geschwungenen Buchrand.

2) Verbinden Sie den oberen und den unteren Buchrand mit zwei Strichen.

3) Fügen Sie nun eine weitere Außenkontur hinzu und ergänzen Sie diese mit einfachen Linien.

4) Jetzt können noch Heftringe in der Mitte hinzugefügt werden.

5) Schrift und Gesicht geben Information und verleihen Ausdruck.

6) Gestalten Sie Ihr Buch färbig und die Wirkung wird vervielfältigt.

Ein Kalenderblatt für wichtige Termine

Geben Sie Ihren gezeichneten Symbolen ein natürliches Aussehen und versuchen Sie dabei nicht zu perfekt zu sein. Die Perfektion kommt alleine mit der Übung. Eine dem Buch sehr ähnliche Darstellung ist auch ein üblicher Wandkalender. Die gerundeten Blattränder ergeben ein schwunghaftes Aussehen. Verwenden Sie dieses Kalenderblatt auch, um wichtige Termine ins Visier der Aufmerksamkeit zu bringen.

Pausensymbole wecken die Lust auf Entspannung

Im Zuge eines Unterrichts sind Pausensymbole oft eine willkommene Auflockerung. So werden solche Visualisierungen auch gerne zu Beginn eines Seminars verwendet, um den organisatorischen Rahmen von Lern- und Pausenzeiten abzuklären und gleichzeitig plakativ darzustellen. In Analogie zur linken und rechten Gehirnhälfte lassen sich so die Lernzeiten, symbolisiert durch ein Buch auf der linken Flipcharthälfte, und die Pausenzeiten, symbolisiert durch eine schmatzende Kaffeetasse auf der rechten Flipcharthälfte darstellen. Ergänzen Sie das Chart mit den vereinbarten Zeiten und hängen anschließend das Flipchart gut sichtbar im Kursraum auf: Ihre TeilnehmerInnen werden es Ihnen danken.

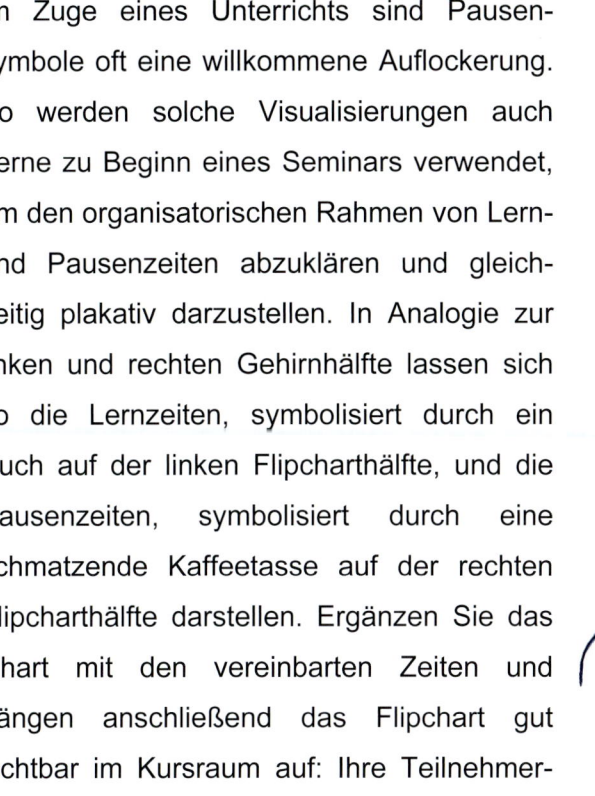

Nach intensiven Unterrichtseinheiten sind Pausen notwendig. Diese wirken sehr lernfördernd, wenn dabei eine geistige Entspannung stattfindet. Versetzen Sie daher Ihre TeilnehmerInnen in eine positive Stimmung, indem Sie mit kreativen Flipcharts Assoziationen zu entspannenden Situationen erzeugen. Palmen, Hängematte, Strand und Meer bewirken oft angenehme gedankliche Momente.

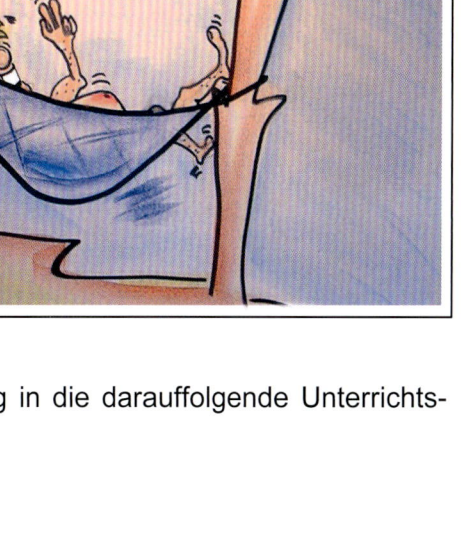

Sie bewirken damit auch einen positiven Wiedereinstieg in die darauffolgende Unterrichtseinheit.

Auch ein lustiger Wecker kann als An-kündigung für eine Lernunterbrechung verwendet werden. Dabei wird das Weckergehäuse sogleich als Körper benützt. Die Zeichenfolge besteht aus drei Schritten:

- Zeichnen Sie zuerst das Gesicht, also Nase, Augen, Mund.

- Umranden Sie das Gesicht mit der natürlichen Gehäuseform.

- Fügen Sie zuletzt noch Hände und Füße hinzu.

Verwenden Sie Gehäuseformen von Symbolen als Körper für Ihre ersten Cartoonfiguren.

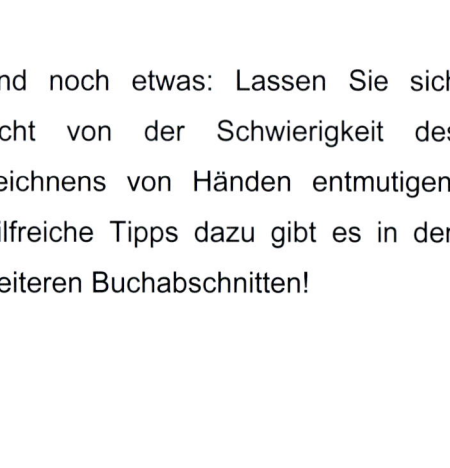

Als letzter gedanklicher Anreiz sei hier noch eine kreative Armbanduhr dar-gestellt. Das bewusste Überzeichnen der Uhr sowie der Hand stellt die Information als Assoziation in den Vordergrund und bewirkt eine erhöhte Aufmerksamkeit bei den Betrachtern.

Und noch etwas: Lassen Sie sich nicht von der Schwierigkeit des Zeichnens von Händen entmutigen. Hilfreiche Tipps dazu gibt es in den weiteren Buchabschnitten!

Flipcharts brauchen einen Rahmen

„Jedes Chart braucht seinen Rahmen!". So lautet ein Grundsatz in der Flipchartgestaltung. Er ist deshalb von Bedeutung, da ein kräftiger Rahmen den Inhalt begrenzt und abschließt. Wie würde beispielsweise ein Bild ohne Bilderrahmen wirken? Sehen Sie, deshalb erhöht man die Wirkung von Flipcharts mit dieser Raffinesse. Ein Rahmen sollte immer mit dicken Strichen gezeichnet werden. Alternativ dazu kann man dünne Striche mit kräftigen oder belebenden Farben verstärken und hervorheben. Ein Tipp dazu: Ich zeichne zumeist den Rahmen zuletzt, da er ansonsten die Zeichenfläche zu sehr begrenzt. Unterbrechungen in der Rahmenkontur stellen aus meiner Sicht kein Problem dar. Sehen wir uns jetzt gemeinsam an, wie eine Papierrolle als Rahmen für ein Flipchart gezeichnet wird:

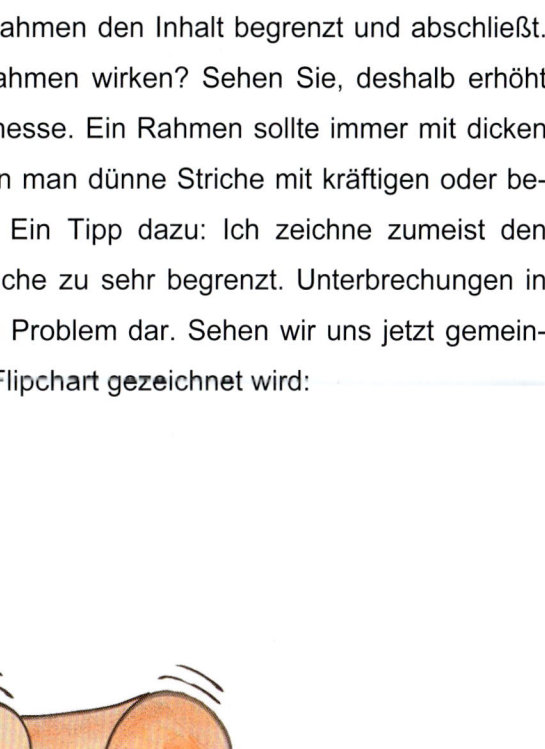

1) Zuerst zeichnen wir vier Ellipsen und fügen anschließend Fingernägel hinzu.

2) Strich und Kreis, so lautet die Reihenfolge. Bitte einen großen Kreis.

3) Papierränder links und rechts zeichnen.

4) Zeichnen Sie die seitlichen Konturen.

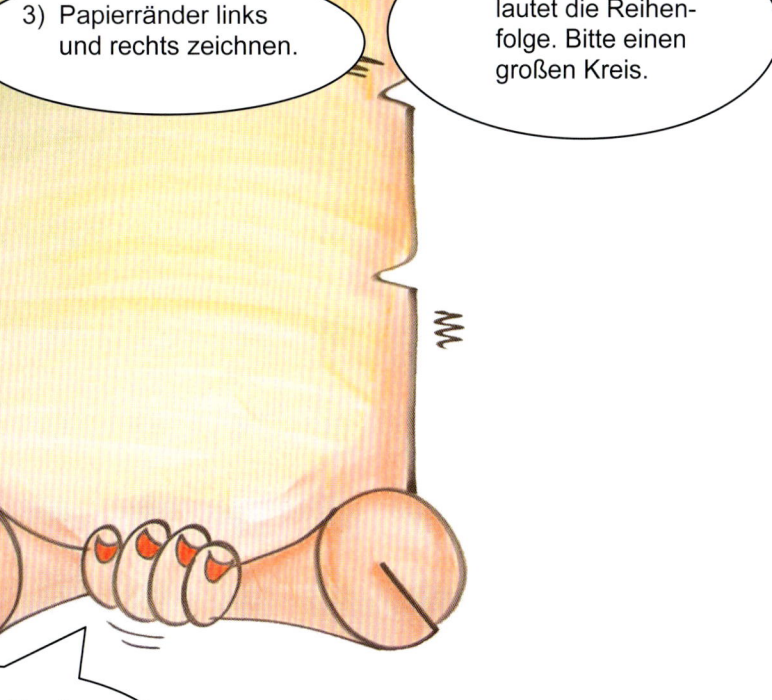

5) Wiederholen Sie die Zeichenfolge von Punkt 1, 2 und 3.

Rahmengalerie

Eine Auswahl an unterschiedlichen Rahmenmöglichkeiten für Ihre Flipcharts sollen Sie inspirieren, selbst kreierte Charts abwechslungsreich und vielfältig zu gestalten. So werden auch reine Textinformationen zu einer lebendigen und ansprechenden Darstellung.

Ein schiefer Rahmen bringt Abwechslung in geradlinige Inhalte.

Ein Cartoon in den Rahmen integriert wirkt kreativ und wirkungsvoll.

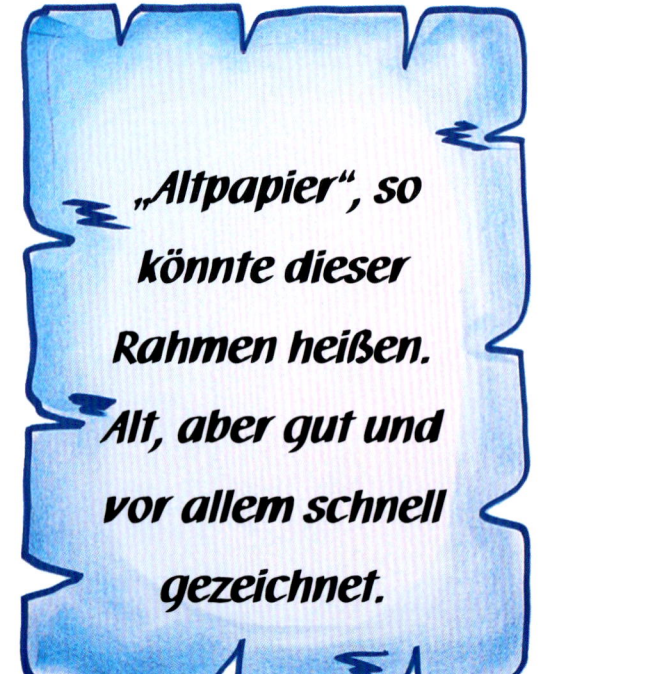

„Altpapier", so könnte dieser Rahmen heißen. Alt, aber gut und vor allem schnell gezeichnet.

Regenbogenfarben beleben den Inhalt und bringen Freude ins Bild.

Der Werbeslogan „Holz ist genial" gilt auch für wirkungsvolle Darstellungen.

Ein Schreibblock als kreative Umrandung. Mehr als passend zum Medium Flipchart.

Überschrift

Ein Klassiker allerdings bereichert mit Dynamik und Farbe.

Die Papierrolle nochmals anders gezeichnet.

Unzählige weitere Varianten an Gestaltungsmöglichkeiten sind hier noch möglich. Ich hoffe, dass diese kleine Auswahl dazu beitragen kann, auf jedem Ihrer Flipcharts einen passenden Rahmen zu zeichnen.

Gesichter von Cartoons – wie ein Profi zeichnen

Gesichter von Cartoons lassen sich sehr vielfältig gestalten. Allerdings ändern wir ab jetzt die Reihenfolge der einzelnen Zeichenelemente und bringen zusätzliche Ausdrucksformen mit ins Bild. Das ist deshalb notwendig, da, wie Sie vielleicht schon bemerkt haben, die zuerst gezeichnete Grundform den zu zeichnenden Gesichtsausdruck durch ihre Größe wesentlich bestimmt. Schmale Formen wie beispielsweise jene einer Banane, lassen keine breite Gesichtsform zu. Daher zeichnen Profis, wie Sie es bald sein werden, die Grundform, d. h. die Konturen um den Gesichtsausdruck, zuletzt.

Um Cartoongesichter richtig zu zeichnen, beachten wir folgende vier Zeichenschritte:

- **1. Zeichenschritt:** Zeichnen Sie Nase, Augen und Mund. Fügen Sie dynamische Aspekte wie beispielsweise Mundfalten gleich hinzu.

- **2. Zeichenschritt:** Das Gesicht wird seitlich begrenzt. Durch unterschiedliche Gesichtsbacken kann der Gesichtsausdruck noch vielseitig verändert werden.

- **3. Zeichenschritt:** Es sind die Haare zu zeichnen. Unterschiedliche Frisuren lassen Cartoons verschiedenartig wirken.

- **4. Zeichenschritt:** Untere Gesichthälfte schließen, wobei ein gezeichnetes Kinn auch sehr lustig wirken kann. Abschließend bekommen unsere Gesichter noch Ohren. Der Hals kann optional noch hinzugefügt werden, muss aber nicht.

Anhand der folgenden unterschiedlichen Cartoongesichter kann die empfohlene Zeichenfolge umfangreich geübt werden.

Zur leichteren Unterscheidung der Figuren und deren charakteristischer Ausdrucksformen habe ich jedem meiner Cartoons einen Namen gegeben.

Christian, ein fröhlicher Typ

Unser erstes Cartoon heißt Christian und zeichnet sich durch seinen fröhlichen Gesichtsausdruck aus. Ich zeige Ihnen jetzt anhand der eben vorgestellten vier Zeichenschritte, wie sich die Figur aufbaut und welche Einzelheiten zu beachten sind.

1. Zeichenschritt

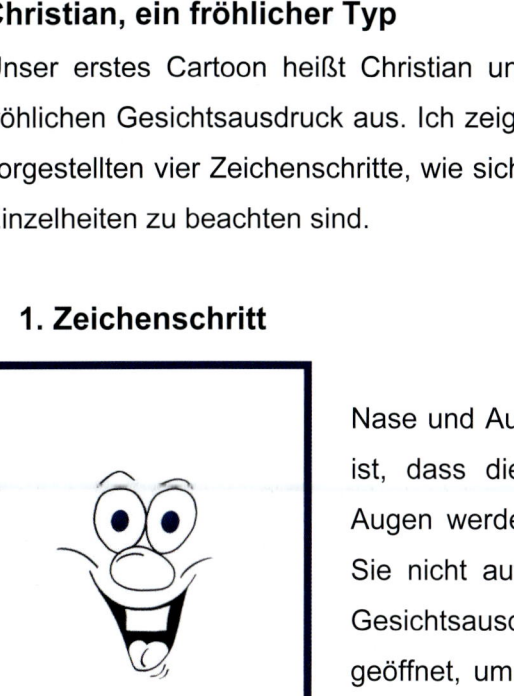

Nase und Augen sind ellipsenförmig zu zeichnen. Zu beachten ist, dass diese Elemente kompakt gezeichnet werden. Die Augen werden daher direkt auf die Nase gesetzt. Vergessen Sie nicht auf die Augenbrauen, welche bei einem fröhlichen Gesichtsausdruck nach oben gerichtet sind. Der Mund wird weit geöffnet, um genügend Platz für Zähne und Zunge zu bieten. Der erste Zeichenschritt wird beendet durch lustige Lachfalten.

2. Zeichenschritt

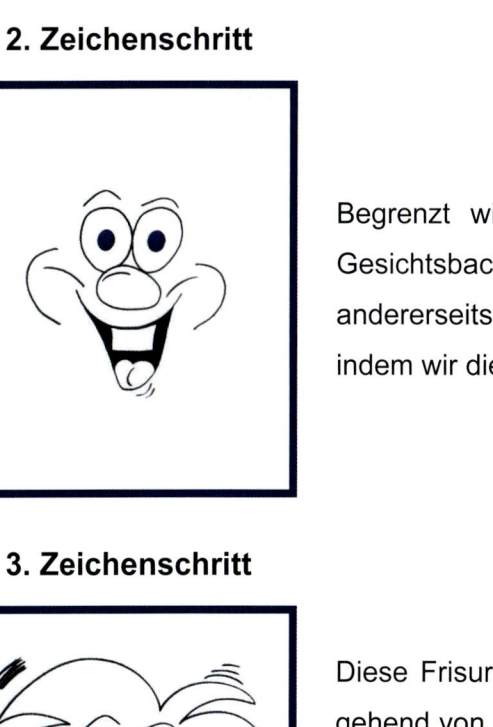

Begrenzt wird das Gesicht seitlich mit dem Zeichnen der Gesichtsbacken. Diese zentrieren einerseits das Gesicht und andererseits unterstreichen sie die fröhliche Art von Christian, indem wir die Backen rund formen.

3. Zeichenschritt

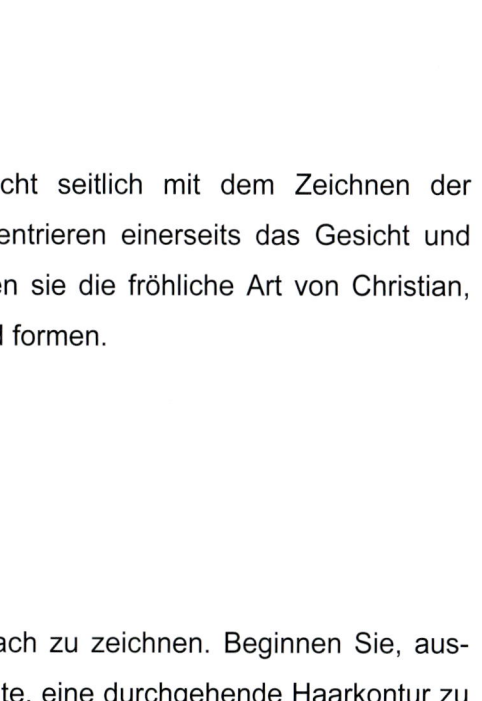

Diese Frisur ist sehr einfach zu zeichnen. Beginnen Sie, ausgehend von der linken Seite, eine durchgehende Haarkontur zu zeichnen. Wichtig sind die spitzen Enden der einzelnen Haarsträhnen. Setzen Sie den Scheitel zunächst nicht in die Kopfmitte, sondern links oder rechts davon. Ansonsten sieht unser erstes Cartoon möglicherweise aus wie eine Ananas.

4. Zeichenschritt

Ausgehend vom Ende der linken Gesichtsbacke schließt man jetzt das Gesicht, indem man die untere Gesichtshälfte zeichnet. Der Abstand zum Mund sollte annähernd gleich groß sein. Die Ohren hat unser Christian unter den Backen. Achten Sie genau auf die Einfachheit der gezeichneten Falten im Inneren der Ohren.

Vervollständigen

Ergänzend kann jetzt auch noch die Körperkontur dazu gezeichnet werden. Die Schultern seitlich nicht zu sehr abfallend, sondern eher gerade zeichnen. Öffnen wir das Jackett, indem unter dem Kinn zwei vertikale, leicht gebogene Striche gezeichnet werden. Eine Dynamik an den Schultern verfeinert den Ausdruck.

Christian in Farbe

Jetzt noch Farbe ins Bild gebracht und fertig ist unser erstes Cartoongesicht.

Experimentieren Sie künftig mit der Farbgestaltung. Auch grüne oder blaue Haare sind erlaubt.

So einfach geht das Zeichnen von Cartoons!

Moritz, immer zu Streichen aufgelegt

Moritz, so heißt unser nächstes Cartoon. Seine Besonderheiten sind insbesondere der neckische Blick, die Frisur und die knackige Form der Gesichtsbacken. Insgesamt stellt Moritz die Charakteristik eines Lausbuben dar, welcher auch mit Schadenfreude nicht geizt. Um eine weitere Steigerung in unserer Zeichenperfektion zu erhalten, führe ich bei diesem Cartoon den Zeichenschritt „Vervollständigen" etwas genauer aus.

Nase, Augen, Mund

Der etwas freche Gesichtsausdruck wird festgelegt, indem man die Augen weit in die Nase hineinsetzt. Die Augenbrauen sind wiederum nach oben gerichtet und die Augenlider verdecken ungefähr zwei Drittel der Augen. Die Oberlippe zeichnen wir wellenförmig und beenden den ersten Zeichenschritt mit lustigen Hasenzähnen, Zunge und Lachfalten.

Gesichtsbacken

Die Gesichtsbacken werden knackig, also spitz gezeichnet. Dadurch wirkt der gesamte Gesichtsausdruck noch etwas lustiger. Wer will, kann zusätzlich noch einen Spiegelpunkt in die Nase zeichnen. Der momentane Gesichtsausdruck erinnert ein bisschen an Bugs Bunny.

Haare hinzufügen

Diese Frisur ist wahrlich eine kleine Herausforderung für einen Zeichner, da die einzelnen Haarsträhnen einen ständigen Richtungswechsel beim Zeichnen erfordern. Beginnend von der linken Backe zeichnet man die erste Haarsträhne nach links, die nächste nach rechts, dann links usw. Übrigens lässt sich diese Form ebenso als Kontur für eine gezeichnete Sonne verwenden.

Kinn und Ohren

So, wir schließen das Gesicht, indem die Gesichtskontur den Mund entlang gezeichnet wird. Das Kinn lassen wir diesmal weg. Die Ohren zeichnet man wie die Zahl 3 beziehungsweise wie eine gespiegelte 3. Vergessen sollte man nicht auf die sogenannte „Y-Falte" im Ohr.

Vervollständigen

Wie bereits oben angekündigt, werde ich diesen Zeichenschritt detaillierter erklären. Zeichnen wir zunächst einen Hemdkragen. Holen Sie den Zeichenstrich quasi von der Halshinterseite hervor, indem Sie das Kragenende leicht gekrümmt zeichnen.

Schultern & Arme

Wenn Sie bei Ihren Figuren keine Hände zeichnen wollen oder können, so stecken Sie diese in eine Jacken- oder Hosentasche, beziehungsweise kann man die Hände auch einfach verschränken. Moritz verwendet den letzteren Trick. Beginnen Sie mit der Außenkontur der Schultern, Arme und Ellbogen, gefolgt von deren Innenkontur. Beenden Sie mit definierten Abschlüssen der Ärmel. Im einfachsten Fall geschieht dies mit Ellipsen.

Hände verschränken

So, jetzt die rechte und linke Hand einfach ineinander verschränken. Kreativ wirken auch viele Punkte an den Armflächen, welche die Behaarung symbolisieren. Mit einer Krawatte lässt sich das Bild vervollständigen.

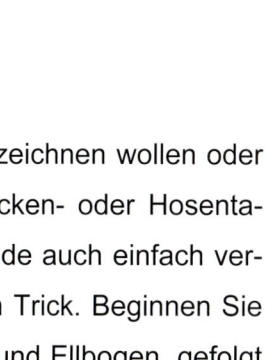

Moritz

Dieses war der zweite Streich ...

Josef, der Glückliche

Ja, wenn man so glücklich ist wie unser Josef, hat man wirklich einen guten Grund zum Lachen. Und wie er lacht!

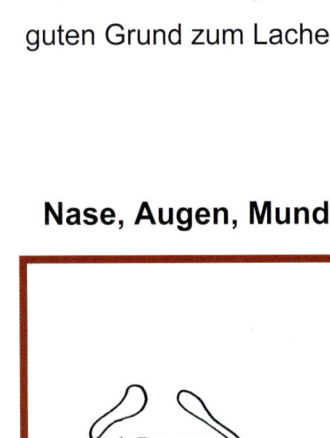

Nase, Augen, Mund

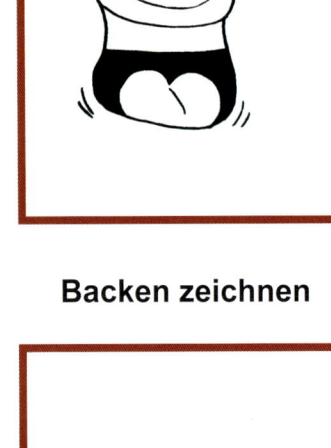

Neuerlich beginnen wir mit einer ellipsenförmigen Nase und schließen die Augen durch zwei halbrunde Striche. Die Augenfalten positionieren wir am äußeren Augenrand. Die Augenbrauen werden hier in Konturen gezeichnet. Der Mund ist breiter gezeichnet als bei den bisherigen Figuren und bietet viel Platz für Zähne und Zunge.

Backen zeichnen

Unser Josef hat auch eine neue Form der Gesichtsbacken. Diese zeichnen wir nicht nach außen gerundet, sondern zur Gesichtsmitte hin gekrümmt. Dadurch können später die Ohren besser in der Gesichtsmitte positioniert werden.

Haare hinzufügen

Josef hat die bisher einfachste, zeichnerisch zu gestaltende Frisur. Nach jeder Haarsträhne kann der Zeichenstift abgesetzt werden und an einem beliebigen Punkt der zuletzt gezeichneten Haarsträhne fortgesetzt werden. Vergleichen Sie dazu die Haarpracht vom Cartoon „Christian", welche im Gegensatz dazu in einer Strichfolge ohne Unterbrechung gezeichnet wird.

Kinn und Ohren

Eine Gesichtsform rund um den breit gezeichneten Mund komplettiert diese Gesichtskontur. Die Ohren werden diesmal in der Höhe der Nase gezeichnet.

Vervollständigen

Haare, Augenbrauen und Bärte bekommen durch Konturen noch mehr Ausdruckskraft.

Felix, der Träumer

Traumhaft einfach ist auch unser Felix zu zeichnen. Kleine Nase, hohe Stirn sind wichtige Details, um einen kindlichen Ausdruck zu erzeugen. Auch die Gesichtskontur, rund um das gesamte Gesicht gezeichnet, ergibt eine neue Darstellungsmöglichkeit. Also: „Träume nicht dein Leben, sondern zeichne deinen Traum".

Nase, Augen, Mund

Kleine Nase, im Vergleich dazu große Augen und die Augenbrauen nach außen gezeichnet, sind die ersten Zeichenschritte. Die Oberlippe ist leicht geschwungen, wobei beide Mundwinkel nach oben verlaufen. Mit großen Zähnen und diesmal ohne Zunge wird der Mund charakterisiert

Backen zeichnen

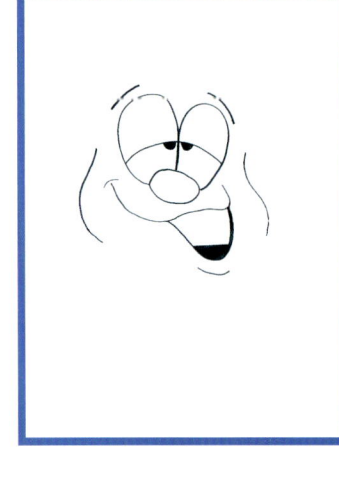

Die seitliche Außenkontur zeigt lang geschwungene Konturen. Die oberen Enden der seitlichen Begrenzung sollen einen nahtlosen Übergang zur Kontur der oberen Gesichtshälfte, welche im nächsten Zeichenschritt folgt, gewährleisten.

Haare hinzufügen

Fügen Sie zuerst die obere Gesichtskontur hinzu. Anschließend die Haare, welche ungefähr in der Höhe der Nasenmitte beginnen und wieder enden. Die Haarkontur ähnelt jener vom Cartoongesicht „Moritz".

Kinn und Ohren

Gesichtskontur nach unten schließen, wobei diese im großen Radius rund gezeichnet wird. Da der Mund diesmal nicht zentriert ist, also in der Gesichtsmitte gezeichnet wurde, ist auch der Abstand zwischen dem Mund und der Gesichtsbegrenzung unterschiedlich. Die großen Ohren komplettieren das Bild.

Vervollständigen

Hängende Schultern und verschränkte Arme unterstützen den Ausdruck.

Eine durchgezeichnete Gesichtskontur ergibt wiederum ein neues Aussehen!

Oskar, der Kombinierte

Jetzt versuchen wir doch einmal, spezifische Merkmale aller bisherigen Cartoongesichter miteinander zu kombinieren. Das was dabei heraus-kommt, nennen wir Oskar, wiederum ein neues Gesicht in unserer Sammlung.

Nase, Augen, Mund

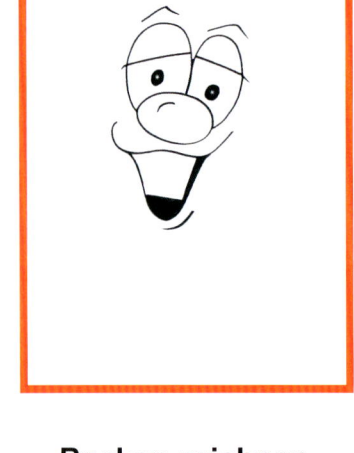

Beginnen wir mit der Nase von Christian, dessen Nasenfalte dynamisch aussieht. Die Augen von Moritz, wobei die Augen-lider ein bisschen weniger geschlossen sind. Dann noch der Mund von Felix, und der erste Zeichenschritt ist erledigt. Sieht doch schon wieder ganz anders als die Anderen aus.

Backen zeichnen

Die Gesichtsbacken leihen wir uns von Josef aus, dessen Frisurkontur ebenfalls gleich verwendet werden kann.

Haare hinzufügen

Diesmal erhält die Haarpracht noch mehr Volumen, indem eine Innenkontur (siehe Bild links) und eine Außenkontur (siehe Bild rechts) gezeichnet werden.

Kinn und Ohren

Die Gesichtskontur und die Außenkontur der Haare leihen wir wieder von Josef. Die lustigen Moritz-Ohren runden das Gesamtbild ab. Ich hoffe, es gefällt auch Ihnen.

Vervollständigen

Oskar bekommt auch als Draufgabe noch einen langen Hals. Eine Kehlkopffalte und die schattierte Pulloveröffnung verleihen dem Bild noch mehr Wirkung. Auch in der Kleidung sind dynamische Striche erlaubt.

Die Kombination von Gestaltungselementen lässt wiederum neue Cartoongesichter entstehen!

Cartoongalerie – gezeichnet von SeminarteilnehmerInnen

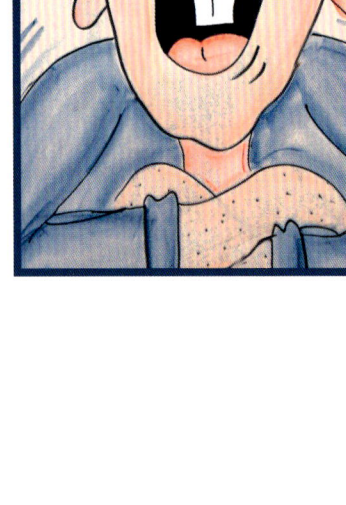

Falls Sie Bedenken haben sollten, dass alle Leser-Innen künftig die gleichen Cartoons zeichnen werden, kann ich Sie beruhigen. Jeder Mensch bringt in seine Zeichnung einen Teil seiner eigenen Persönlichkeit ein. Stärken und auch Unsicherheiten kommen beim Zeichnen zum Ausdruck. Aus meiner Erfahrung kann ich Ihnen auch bestätigen, dass Zeichnen nicht nur die eigene Kreativität fördert, sondern dabei auch häufig unentdeckte Potentiale eines Menschen zum Vorschein kommen. Es passiert nicht selten, dass TeilnehmerInnen in meinen Flipchartseminaren beim Zeichnen manche bislang unbemerkte Fähigkeit bei sich entdecken.

„Selbst gezeichnete Cartoons sind einzigartig. Dahinter versteckt sich die eigene Persönlichkeit!"

Erwähnenswert ist bei dieser Bildergalerie auch, dass die Zeichnungen in der Regel aus dem ersten Versuch stammen, einen Christian, Moritz oder Josef zu zeichnen. Beachten Sie auch die unterschiedliche Farbgestaltung und deren Wirkung sowie auch zeichnerische Details, welche immer wieder neue Gestaltungsideen liefern.

Die Verschiedenartigkeit dieser Cartoons sorgte für das Staunen und die Begeisterung derjenigen, welche kurze Zeit davor ihre eigene Zeichenfähigkeit noch als sehr schlecht bezeichneten. Diese Momente der Freude lösen auch in mir immer wieder Begeisterung aus und sorgen für den notwendigen Spaß an meiner Seminartätigkeit.

Cartoonfrauen und -mädchen

Weibliche Cartoons besitzen im Gegensatz zu ihren männlichen Kollegen spezifische Merkmale, welche bei der grafischen Darstellung zu berücksichtigen sind.

- Die erste wesentliche Unterscheidung ist die Form und Größe der Nase. Weibliche Nasen sind kleiner zu zeichnen, da diese den Gesichtsausdruck verfeinern und der Karikatur auch ein jüngeres Aussehen verleihen.

- Anstatt der oder zusätzlich zu den Augenbrauen werden bei weiblichen Cartoons die Wimpern gezeichnet.

- Eine entsprechende Mundform kennzeichnet darüberhinaus einen eher sanften Ausdruck. Dabei wird die Oberlippe an die natürliche Mundform angelehnt und daher leicht geschwungen gezeichnet.

- Wesentlich scheint auch die Frisur zu sein. Dabei wird großer Wert auf die äußere Kontur der Haarpracht gelegt, welche durch einfache Strichfolgen zusätzlich verfeinert werden kann.

So weit die wichtigsten Unterscheidungen zu den bisher gezeichneten männlichen Cartoons. Damit steht den weiteren Zeichenversuchen nichts mehr im Wege.

Rosa, die Höfliche

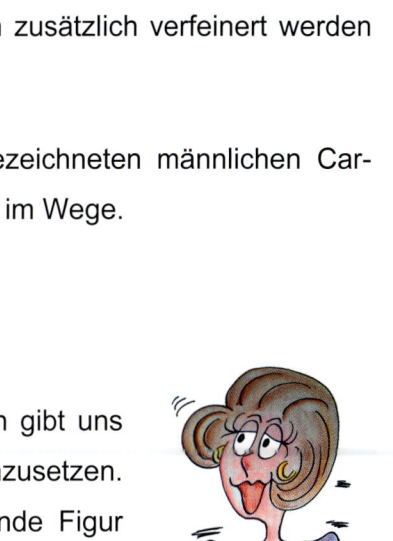

Unsere erste Dame heißt Rosa. Ihr eher schlichtes Aussehen gibt uns Gelegenheit, die eben angeführten Kriterien zeichnerisch umzusetzen. Dabei können wir auch erleben, wie diese höflich aussehende Figur gleichzeitig ein nettes Erscheinungsbild am Flipchart ergibt.

Nase, Augen, Mund

Die Zeichenfolge beginnt wiederum mit Nase, Augen und Mund. Je kleiner und feiner die Nase gezeichnet wird, desto mehr verjüngt sich der Gesichtsausdruck. Die Kompaktheit der Augen wird bei Rosa vernachlässigt, allerdings spielen Augenlider, Wimpern und Augenbrauen eine wesentliche Rolle. Auf die Zähne verzichten wir, ebenso auf die Zunge.

Haare hinzufügen

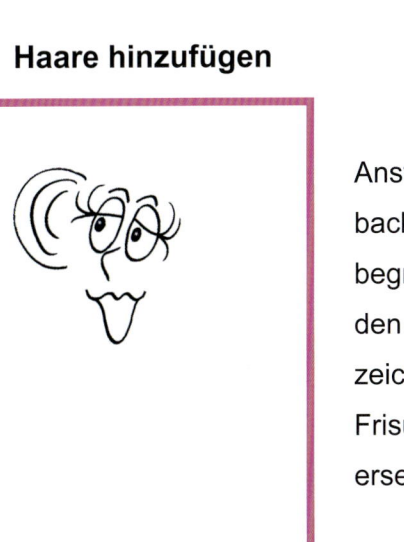

Anstatt, wie bisher, die Gesichtsbacken als seitliche Gesichtsbegrenzung einzuzeichnen, werden die Konturen der Haare gezeichnet. Diese können, je nach Frisurform, die Gesichtsbacken ersetzen. Etwa so wie bei Rosa.

Kinn und Ohrringe

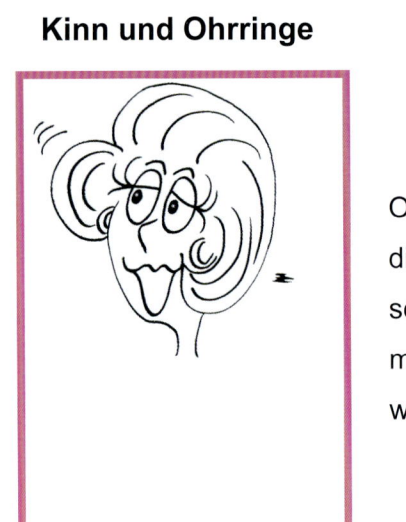

Ohrringe anstatt der Ohren betonen in einem weiteren Schritt die Fraulichkeit. Schließlich wird noch die Gesichtsform geschlossen. Der schlanke Hals bietet eine gute Möglichkeit, auch mit einem schönen Oberkörper weiterzuzeichnen. Beispielsweise so wie im folgenden Bild.

Die nach oben gerichteten Schultern geben dem Bild noch eine weitere künstlerische Nuance.

Beliebig kann auch das Dekolleté mit einer schicken Halskette bereichert werden.

Die schlanke Taille von Rosa betont zusätzlich die Figur.

Wie immer beleben auch diesmal die Farben von Wachsmalblöcken unser kleines Kunstwerk.

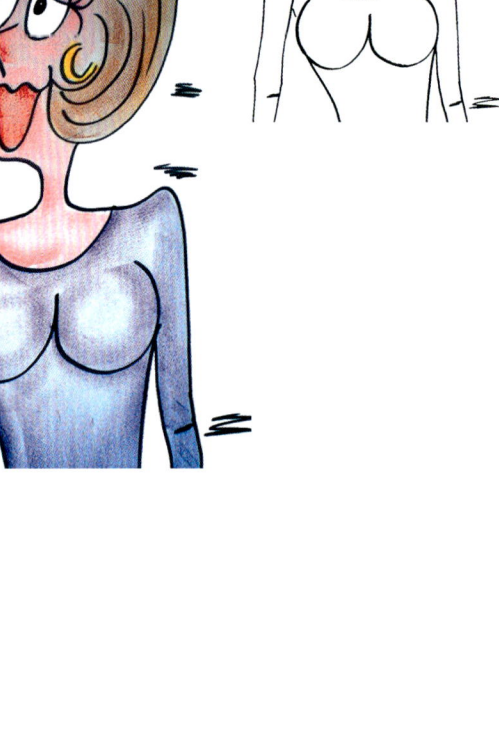

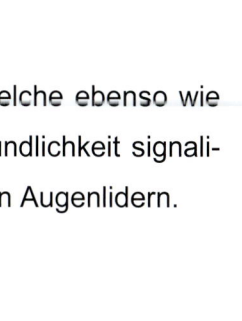

Lotte, die Flotte

Es scheint offensichtlich zu sein, dass die Vielfältigkeit von unterschiedlichen Cartoons unbegrenzt ist. Lotte, die Flotte, überzeugt durch ihr jugendliches Aussehen und erfrischendes Lächeln.

Nase, Augen, Mund

Wir beginnen mit einer kleinen Stupsnase, welche ebenso wie die nach oben gerichteten Augenbrauen Freundlichkeit signalisiert. Die Wimpern zeichnen wir seitlich bei den Augenlidern.

Eine andere Möglichkeit der Augenpartie zeigt dieses Bild. Die Kompaktheit der Augen wird vernachlässigt und die unteren Augenränder der Nasenform angepasst. Ich persönlich benütze diese Augenform des Öfteren beim Cartoonzeichnen. Ein schmaler Mund mit Lachfalten beendet diesen ersten Zeichenschritt.

Haare hinzufügen

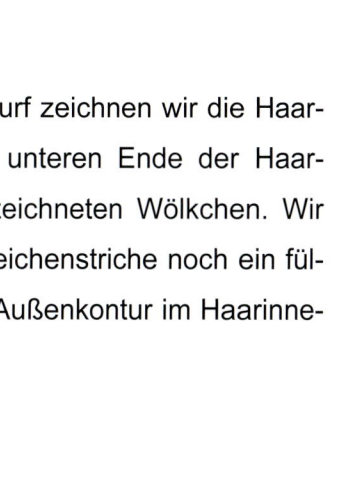

Ausgehend vom ersten Gesichtsentwurf zeichnen wir die Haarkontur mit einem Mittelscheitel. Am unteren Ende der Haarpracht schließen wir mit kleinen gezeichneten Wölkchen. Wir geben der Frisur durch zusätzliche Zeichenstriche noch ein fülliges Aussehen, indem die Form der Außenkontur im Haarinneren wiederholt wird.

Kinn

Eine schmale Gesichtsform vollendet den Gesamtausdruck. Achten Sie wiederum auf den gleichen Abstand der Gesichtsbegrenzung zum Mund.

Vervollständigen

Ergänzend zeichnen wir noch den Körperansatz hinzu. Beginnen Sie mit dem Hals, weiter zur Schulternpartie und zu den Armen. Der Brustbereich und die Taille setzen die Zeichenfolge fort. Maßgeblich ist bei weiblichen Cartoons auch ein Dekolleté.

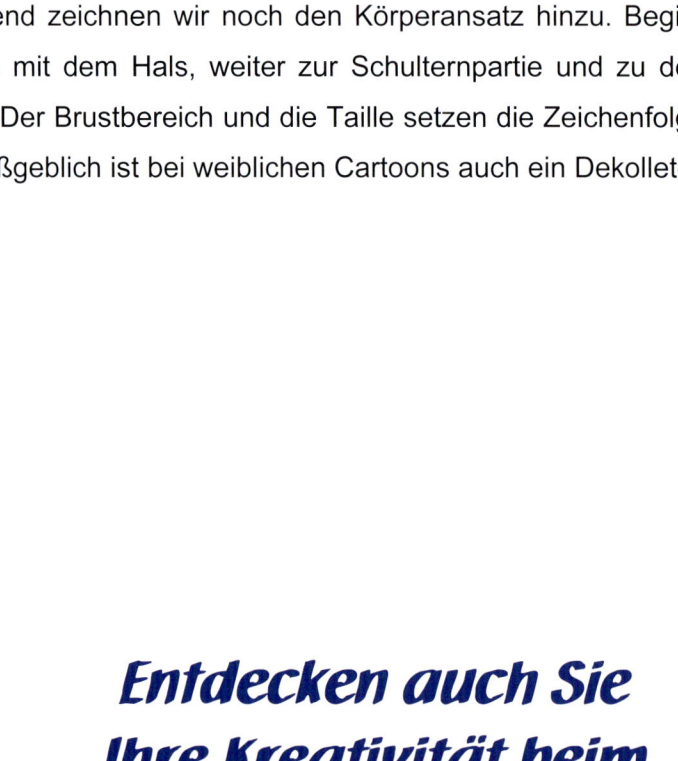

Entdecken auch Sie Ihre Kreativität beim Zeichnen von Cartoons!

Simone, die Sonne

Unsere Simone unterstreicht ihr sonniges Wesen durch eine kreative Form der Frisur. Gleichzeitig zeigt sie uns auch, wie sie trotz dunkler Sonnenbrille eine positive Ausstrahlung darstellen kann.

Nase, Augen, Mund

Da wir nun schon geübte ZeichnerInnen sind, beschränken wir uns bei Simone auf drei Zeichenschritte. Stupsnase, hochgezogene Augenbrauen und ein herzhaft lachender Mund erzeugen das gewünschte sonnige Gemüt.

Haare und Kinn

Die Außenkontur der Haare zuerst zeichnen. Die Augenbrauen werden durch Striche innerhalb der Frisur in ihrer Wirkung verstärkt. Abschließend noch die untere Gesichtshälfte ergänzen.

Vervollständigen

Ein lockeres Kleid scheint hier passend zum Typ zu sein. Probieren Sie andere Farbzusammenstellungen und gestalten Sie eigene Variationen von Cartoons.

Cartoonmodenschau

Diese Seite zeigt weitere Darstellungen von meinen SeminarteilnehmerInnen. Mehr als die Hälfte davon waren am Seminarbeginn noch der festen Überzeugung, dass sie NICHT zeichnen können.

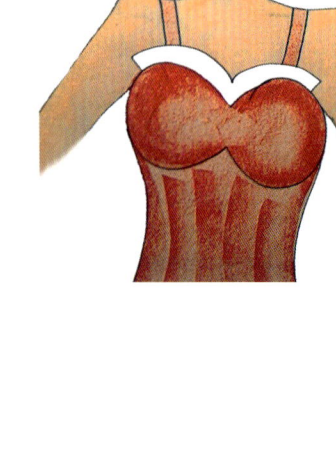

Hände zeigen Ausdruck

Welche wesentliche Bedeutung die Hände in der Thematik Körpersprache besitzen, ist weitgehend bekannt. Um die Wirkung und Ausdrucksfähigkeit von Flipcharts zu steigern, benützen wir die Hände als zeichnerische Elemente. Viele sprechen davon, dass Hände schwierig zum Zeichnen sind. Wer es schon mal probiert hat, wird hier möglicherweise zustimmen. Man sollte sich dabei aber vor Augen halten, dass es beim Zeichnen von Cartoons eine große Gestaltungsfreiheit gibt. Dem einen gefällt's, dem anderen vielleicht nicht so sehr, aber falsch ist es deshalb nicht. Drei, vier oder fünf Finger, suchen Sie es sich aus!

Walt Disney hat seine Mickeymaus immer nur mit vier Fingern gezeichnet. Warum sollten Sie es nicht tun? Wie immer in diesem Buch, versuche ich auch hier meine Unterstützung anzubieten und verweise auch auf die bisherigen Kapitel, wo bereits wichtige Hinweise für das Händezeichnen angeführt wurden.

Die Grundform von Händen

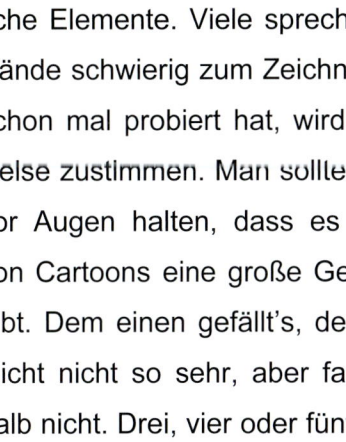

Ausgehend von einem geviertelten Kreis positionieren wir den Daumen unterhalb der Mittellinie. Die Finger werden gleichmäßig verteilt an der oberen Seite des Kreises gezeichnet.

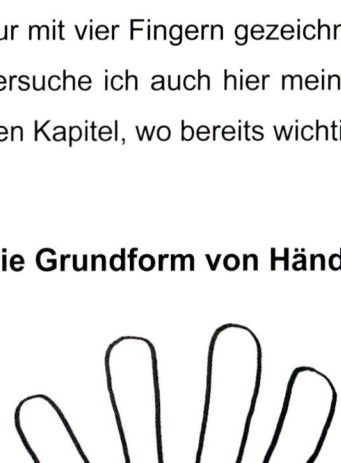

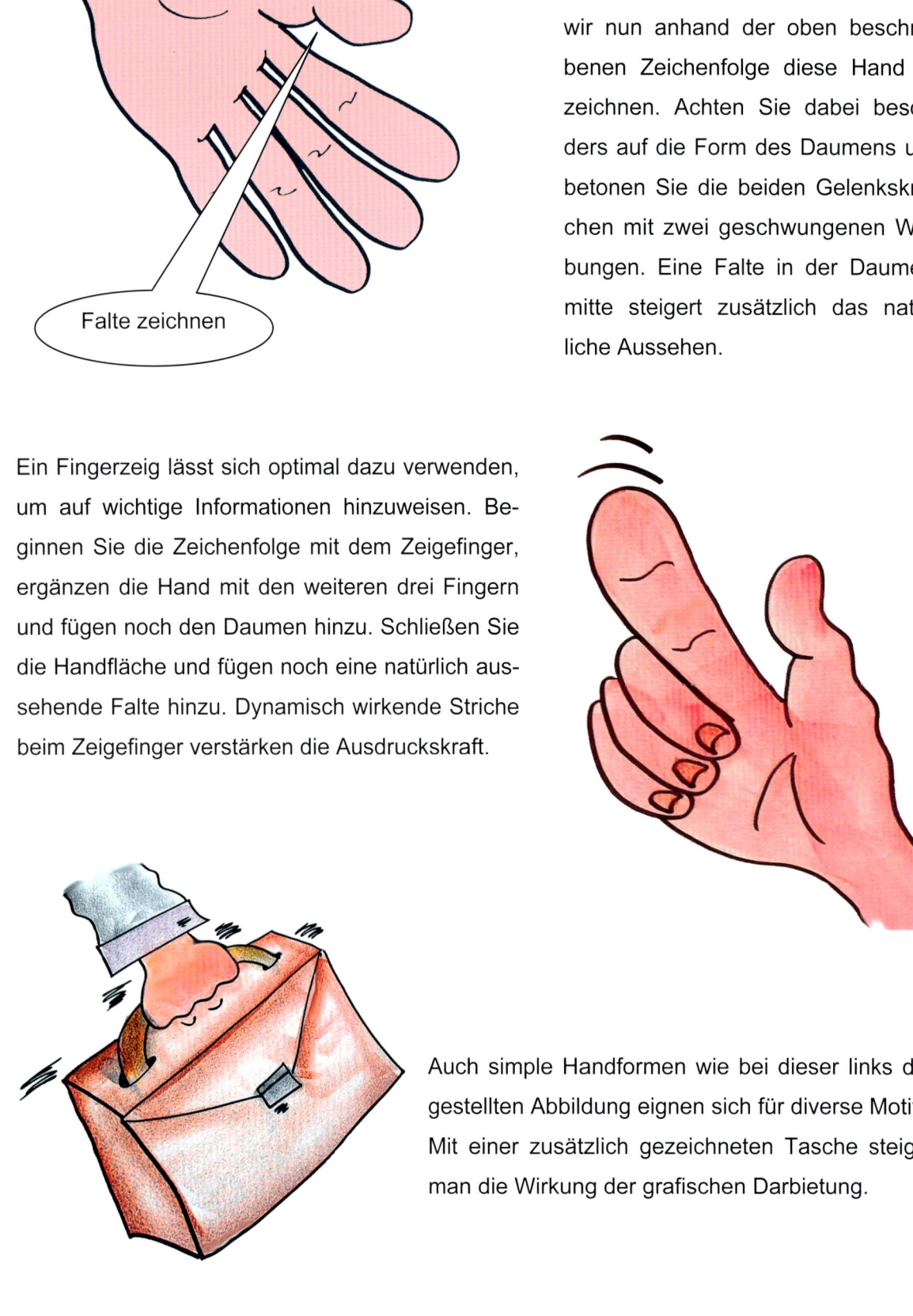

Erste Wölbung

Zweite Wölbung

Falte zeichnen

Eine ausgestreckte Hand wirkt freundlich und einladend. Gleichzeitig verbindet man damit auch Offenheit. Schließlich kann man in dieser Hand auch nichts verstecken. Versuchen wir nun anhand der oben beschriebenen Zeichenfolge diese Hand zu zeichnen. Achten Sie dabei besonders auf die Form des Daumens und betonen Sie die beiden Gelenksknochen mit zwei geschwungenen Wölbungen. Eine Falte in der Daumenmitte steigert zusätzlich das natürliche Aussehen.

Ein Fingerzeig lässt sich optimal dazu verwenden, um auf wichtige Informationen hinzuweisen. Beginnen Sie die Zeichenfolge mit dem Zeigefinger, ergänzen die Hand mit den weiteren drei Fingern und fügen noch den Daumen hinzu. Schließen Sie die Handfläche und fügen noch eine natürlich aussehende Falte hinzu. Dynamisch wirkende Striche beim Zeigefinger verstärken die Ausdruckskraft.

Auch simple Handformen wie bei dieser links dargestellten Abbildung eignen sich für diverse Motive. Mit einer zusätzlich gezeichneten Tasche steigert man die Wirkung der grafischen Darbietung.

Das Victoryzeichen ist eine Handgeste, bei der die Zeige- und Mittelfinger ausgestreckt werden, während der Ringfinger und der kleine Finger eingezogen bleiben. Die Handinnenseite zeigt vom Ausführenden weg. Diese Geste hat international unterschiedliche Bedeutungen. In vielen westlichen Ländern ein Zeichen des Sieges oder in ostasiatischen Ländern eine Geste des Glücklichseins, mit der ein Lachen unterstrichen wird. Daher verwende ich gerne diese Handzeichnung zur Bewusstmachung von erreichten Lernzielen oder einfach zur Unterstützung von Siegerposen.

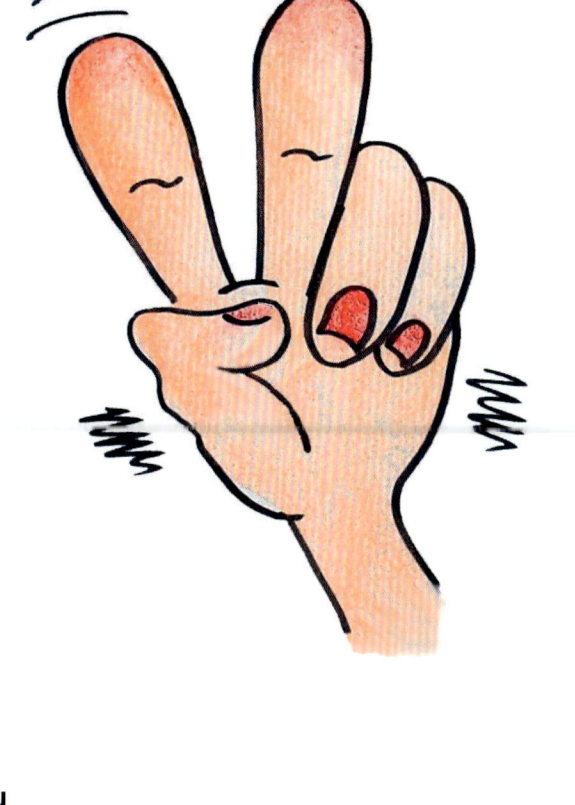

Das Victoryzeichen – schrittweiser Aufbau

1) Zeige- und Mittelfinger in V-Form zeichnen.

2) Ringfinger und der kleine Finger sind wiederum als Ellipsen gezeichnet.

3) Der Daumen schließt die Handzeichnung ab.

Emotionsgeladene Hände

Stark emotionsgeladen wirkt diese Abbildung einer Faust. Diese Stimmung wird zusätzlich durch ein aggressives Rot unterstützt.

Bereits wenige zusätzliche Striche lassen diese Hand hoch explosiv wirken. Benützen Sie diesen einfachen Zeichentrick, um beispielsweise auch Glasscheiben zu durchschlagen.

Die Zeichnung um 90 Grad gedreht ergibt ein schlagfertiges Bild. Die dargestellte Perspektive lässt sich auch für Gegenstände wie z.B. einen Hammer oder eine Axt verwenden. Auch

Fachsymbole in die Hand hineingezeichnet eignen sich für die Visualisierung schlagkräftiger Argumente. So nach der Devise: „Dieses Argument liegt auf dem Tisch, was können Sie hier entgegenhalten?". Denken Sie auch an Einsatzbereiche wie Moderationen oder Besprechungen. Auch hier sind solche Darstellungen oft sehr interessant.

Hände können geben und nehmen

Eine plakative Wirkung ergibt sich schnell, wenn eine gezeichnete Hand einen Gegenstand hält. In diesem Fall überreichen wir eine Sonnenblume, etwa als Willkommensgeschenk. Dazu bietet sich diese Zeichenfolge an:

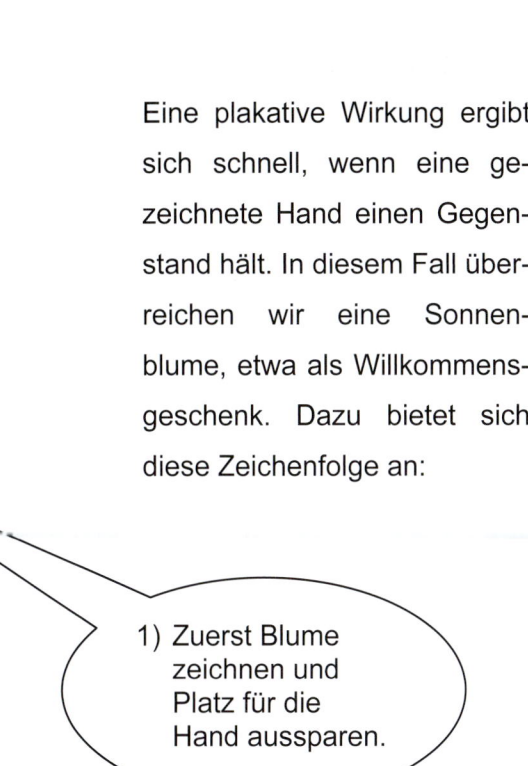

4) Handkontur fertig zeichnen.

1) Zuerst Blume zeichnen und Platz für die Hand aussparen.

2) Vier kompakt gezeichnete Ellipsen mit Fingernägeln.

3) Beginne hier beim Zeichnen vom Daumen.

Wählen Sie einfach darzustellende Objekte wie ein Buch, eine Zeitung, einen Telefonhörer oder einen Schraubenschlüssel. Kombinieren Sie diese mit ebenso einfachen Handzeichnungen und Ihre Flipcharts wirken lebendiger denn je.

Zeichnen von Körpern

Der wesentliche Unterschied zu natürlichen Körperproportionen ist bei Cartoonfiguren das meist beliebig gewählte Verhältnis der Kopflänge zur gesamten Körpergröße. Normalerweise beträgt die Gesamtkörpergröße ungefähr das 7-fache der Kopflänge. Bei Cartoons variiert dieses Verhältnis zwischen dem 3- bis 5-fachen. Das zu wissen, bedeutet eine große Hilfestellung beim Entwerfen von Cartoonfiguren. Beginnen wir mit der Grundstruktur.

Grundstruktur von Cartoonfiguren

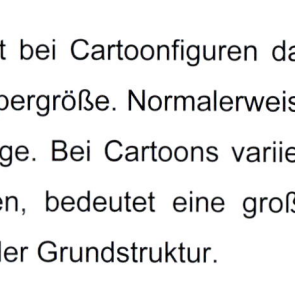

1) Zuerst den Kopf zeichnen. Den Hals lassen wir am Anfang weg.

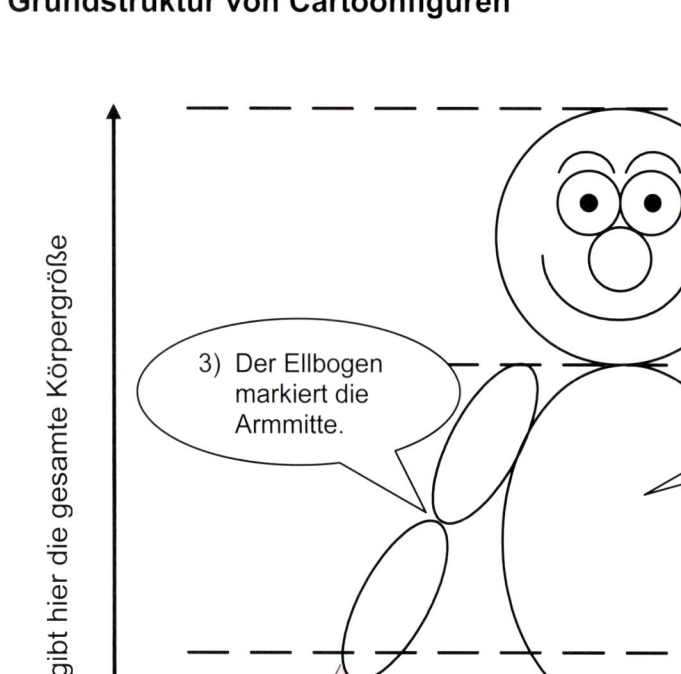

2) Einfach nur Ellipsen zeichnen. So entsteht rasch ein Körper.

3) Der Ellbogen markiert die Armmitte.

Gürtellinie

Die 4-fache Kopflänge ergibt hier die gesamte Körpergröße

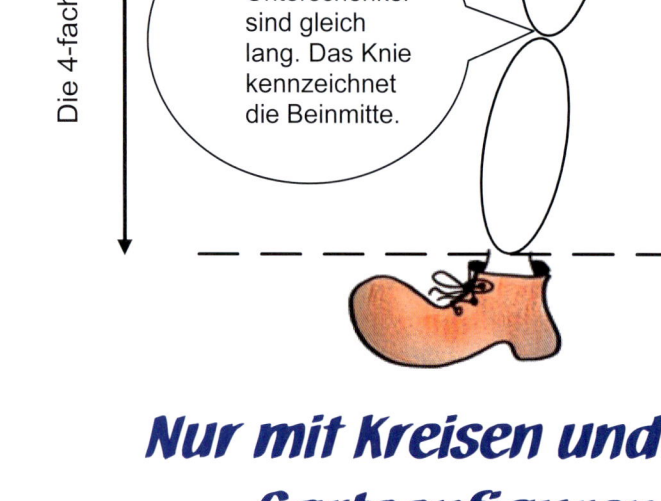

5) Ober- und Unterschenkel sind gleich lang. Das Knie kennzeichnet die Beinmitte.

4) Die Beine sind länger als der Oberkörper.

Nur mit Kreisen und Ellipsen werden Cartoonfiguren gezeichnet!

Das beeindruckende an dieser Grundform ist, dass jedes einzelne Element, gemeint ist jeder Kreis oder jede Ellipse, in der Größe und Position verändert werden kann. Dadurch entstehen auf einfache Art und Weise dicke oder dünne, große oder kleine, stehende oder sich bewegende Figuren. Schon mit ein wenig Übung läßt sich das Zeichnen von Cartoonfiguren selbst erlernen.

Kurzanleitung zum Figurenzeichnen

- Kopf zeichnen.

- Kopflänge mal 3, 4 oder 5 ergibt die Gesamtkörpergröße.

- Körperstruktur mithilfe von Ellipsen vorzeichnen. Am besten man verwendet dazu einen Bleistift.

- Mit Flipchartstift Umrandung hinzufügen.

- Ein Gürtel beispielsweise stellt die Gürtellinie dar.

- Das Überzeichnen der Ellbogen oder zusätzliche Falten markieren die Armmitte.

- Ein ausgeprägtes Knie oder wiederum gezeichnete Falten markieren die Beinmitte.

- Hände und Füße hinzuzeichnen.

- Mit Wachsmalblöcken einfärben.

Liest sich eigentlich ganz einfach, in der Praxis allerdings sieht es wie so oft ein bisschen anders aus. Aus der persönlichen Erfahrung weiß auch ich, dass Figuren zu zeichnen eine Herausforderung sein kann. Gönnen Sie sich daher auch Zeit für eine kreative Lernphase und benützen Sie unterschiedliche Motive und Vorlagen, um daraus Ideen für kreative Flipcharts zu entwickeln. Haben Sie am Anfang etwas Geduld mit sich selbst, denn nur die Übung macht Sie zum Cartoonprofi.

Erfolg hat sieben Buchstaben … ZEICHNE!

Cartoonfiguren beleben Ihre Seminare

Im Kontext der Erwachsenenbildung kann es für SeminarteilnehmerInnen sehr aktivierend sein, wenn z. B. in Fremdsprachenseminaren anhand von lustigen, selbst gezeichneten Cartoonfiguren Vokabeln für Körperteile oder Bekleidungsstücke erlernt werden. Bekleiden Sie Ihre Figuren passend zum Unterrichtsthema und kombinieren Sie Figuren mit Gegenständen.

Tricks für lebhafte und bewegte Flipchartbilder

Mit nur wenigen zusätzlichen Extrastrichen lassen sich Zeichnungen noch aktionistischer und lebendiger darstellen.

> Diese Linien zeigen, woher die Figur gerade kommt.

> Viel Staub um nichts gilt hier nicht. Staubwolken machen Bewegungen rasanter.

> Ein zusätzlicher Schatten hebt die Figur vom Boden ab.

> Dynamische Striche rund um die Figur beleben zusätzlich.

Vordergrund überzeichnen, Hintergrund unterzeichnen!

Flipcharts und das kreative Potential von SeminarteilnehmerInnen

Spätestens seit der intensiven Nutzung computerunterstützter und multimedialer Lehr- und Lernhilfen wurde bisher herkömmlichen Medien zur Wissensvermittlung, wie auch dem Flipchart, immer weniger an Bedeutung beigemessen. Nachdem allerdings die Teilnehmer-

Innen aktivierende Unterrichtsgestaltung im Vordergrund einer erfolgreicher Lehrtätigkeit steht, haben viele TrainerInnen die Sinnhaftigkeit und Notwendigkeit von Flipcharts wiederentdeckt. In Anlehnung an die Philosophie des ganzheitlichen Lehrens und Trainierens, welche die Idee des Kaleidoskops in Bezug auf die innere Haltung und die Qualität einer Lehrperson verwendet, stelle ich diese Darstellung in Bezug zum Thema Kreative Flipchartgestaltung. Sie selbst haben die Möglichkeit, Ihren Unterricht so zu gestalten, dass Sie mit verschiedenen Methoden und Techniken das kreative Potential ihrer TeilnehmerInnen in Lernsituationen wecken können.

Ihr persönlicher Zugang zum Thema Kreativität in Kombination mit Ihrem fachlichen Thema ist die Wurzel zum Lehrerfolg. Kreativität unterstützt auch die Fähigkeit, Fachinhalte verständlich, also für die Teilnehmer begreifbar zu vermitteln.

Förderlich dabei sind

- die innere Einstellung für Neues
- die eigene Offenheit
- Flexibilität
- und eine vernünftige Risikobereitschaft.

Das sind auch jene Parameter, welche die Lernfähigkeit erhöhen. Ziel sollte demnach sein, dass TeilnehmerInnen ihr eigenes kreatives Potential erkennen und anwenden können.

Klingt ja so weit plausibel, wenn sich da nicht wieder solche Glaubenssätze wie beispielsweise „Ich bin aber nicht kreativ!" manifestiert hätten. Bestehende und bisher den persönlichen Lernprozess blockierende Verhaltensmuster aufzubrechen, sehe ich als zusätzlichen positiven Effekt der Kreativen Flipchartgestaltung. Im Gegensatz zur klassischen Unterrichtsmethode Frontalvortrag greifen einige innovative Lehr- und Lernmethoden schon seit längerem dieses Gedankengut auf und unterstützen auch individuelles Lernen. Das didaktische Gießkannenprinzip, d. h. gleiche Lernmethoden für alle, wird abgelöst von methodisch zielgerichteten und vielfältigen Unterrichtsformen.

„Kognitives Wissen benötigt Bilder und Emotionen"

Bilder und positive Emotionen fördern ungemein den Behaltenswert von Informationen. Gerade in der schnelllebigen Zeit, in der wir leben, wird gehirngerechtes Lehren und Lernen als Erfolgsfaktor positioniert. Nicht nur die Häufigkeit von Lernprozessen, sondern auch die Art und Weise bestimmen die Synapsenstärke und damit auch die Lerngeschwindigkeit und -fähigkeit. Fördern Sie daher durch den Einsatz von kreativen Methoden die Vergrößerung der Kontaktfläche zwischen Synapsen und Neuronen, damit effizientes Lernen nicht ein Hirngespinst bleibt, sondern so richtig leicht von der Leber geht.

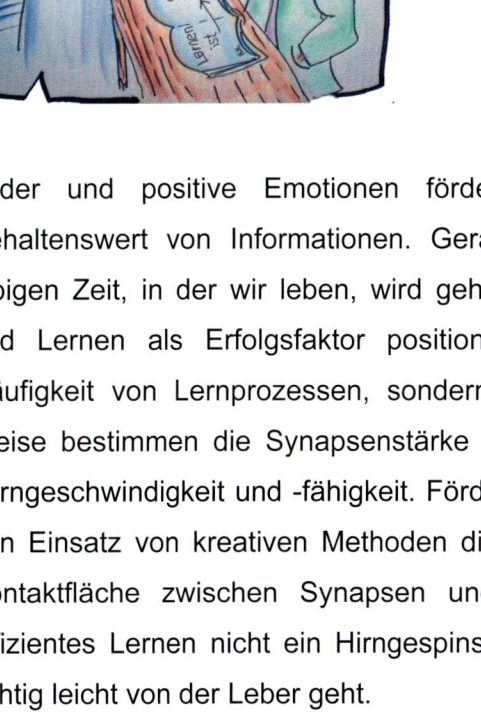

Einsatzmöglichkeiten von kreativen Flipcharts

Es fällt auf, dass mit kreativen Flipcharts neben der Vermittlung von Fachinhalten speziell auch das Seminarklima, Offenheit für Neues und soziale Rahmenbedingungen positiv beeinflusst werden. Anhand des folgenden Seminarkreislaufes lassen sich effiziente Einsatzmöglichkeiten von Flipcharts gut erklären und darstellen.

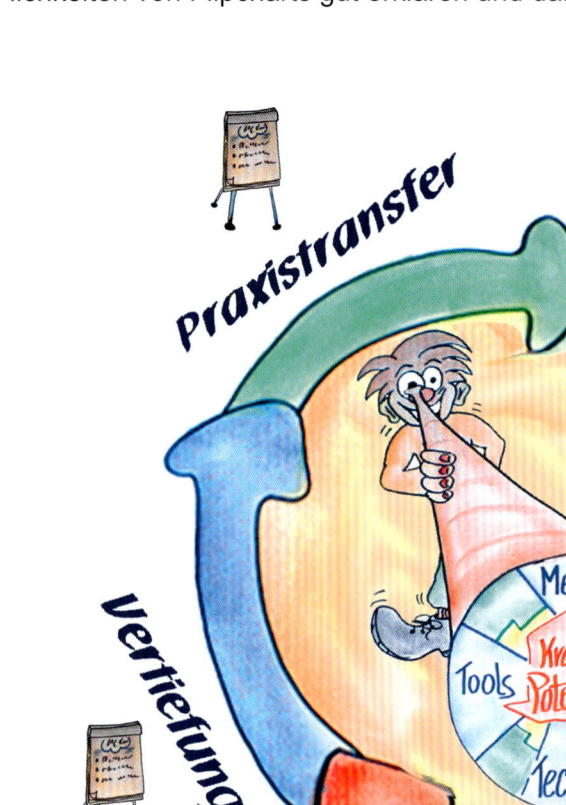

 ..... Findet häufig Verwendung

 ..... Gute Anwendungsmöglichkeiten

 ..... Ersatz- und Spontanmittel

Ankommen im Seminar

Zentrierung bedeutet Ankommen. Die Zentrierungsphase findet vor allem am Kurs- oder Seminaranfang, aber auch laufend während eines Seminars statt. Zentrierungen können geistig, körperlich oder spielerisch erfolgen. Zweck sind die Förderung der Konzentrationsfähigkeit und Steigerung der Aufmerksamkeit.

Bei der Seminareröffnung unterscheidet man die Er-Öffnung

- des kreativen TeilnehmerInnenpotentials
- untereinander, zwischen den TeilnehmerInnen und TrainerInnen
- bezogen auf das Seminarziel, Inhalte und Rahmenbedingungen.

Vor allem in der Beginnphase eines Seminars oder einer Unterrichtseinheit aktivieren und motivieren kreative Flipcharts ungemein höher als andere Medien. So zitiere ich an dieser Stelle einen meiner Kursteilnehmer:

„Als ich dieses Flipchart sah, wusste ich, es kann nur ein tolles Seminar werden!"

Visualisierungsbeispiele für erfolgreiche Seminareröffnungen

Speziell bei Seminaren, wo sich die Lernenden eine eher „trockene" Materie erwarten, können solche Flipcharts wahre Wunder bewirken. Vor allem aber vermitteln sie auch eine Wertschätzung gegenüber den teilnehmenden Personen. Assoziationen mit guter Vorbereitung, Freude auf den Unterricht und sich für die TeilnehmerInnen Zeit zu nehmen, werden damit bewirkt.

Solche einladende Flipcharts selbst zu zeichnen, erzeugt auch bei den TrainerInnen Freude auf den Unterricht. Gleichzeitig steigern sich Kreativität und Vielfalt bei den Darstellungen fachlicher Inhalte.

Unabhängig vom jeweiligen Themenbereich lassen sich unterschiedlichste Begrüßungs-Charts entwerfen.

Kombinieren Sie die bisher erlernten Zeichentechniken mit fachbezogenen Symbolen und Elementen.

Sowohl der IT-Profi als auch der Bäckermeister finden meist sehr rasch viele einfache und unterschiedliche Kombinationsmöglichkeiten. Die auf dieser Seite abgebildeten Charts sollen Sie davon überzeugen, dass es in den meisten Fällen nicht erforderlich ist, komplette Figuren oder Körper zu zeichnen.

Der Grundsatz: „Weniger ist mehr!" schützt vor Überladungen.

Wie Sie sehen können, genügen bereits Visualisierungen, die vom üblichen „Herzlich willkommen im Seminar – 1. Tag" abweichen, um eine hohe Wirkung zu erreichen. Urteilen Sie selbst und bestimmen Sie dabei Ihren Perfektionsanspruch!

Das Willkommensflipchart bietet neben einer freundlichen Begrüßung auch noch weitere Möglichkeiten, um den Unterrichtsbeginn ansprechend zu gestalten. Dazu gehören:

- Ausblick auf Ziele oder Lerninhalte

- Hinweise auf Rahmenbedingungen

- Wichtige Aspekte oder Regeln im Seminar

- Abbau von Lernbarrieren

- Förderung der Kreativität

- Hinweise auf besondere Seminarelemente

- Aktivierung der TeilnehmerInnen

- aber auch eine Selbstoffenbarung der TrainerInnen.

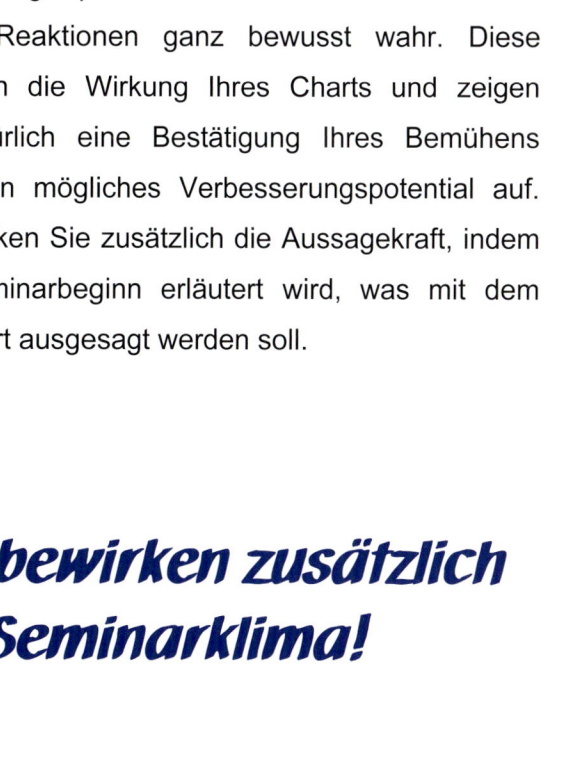

Achten Sie darauf, welche Stimmungen im Seminarraum entstehen, wenn TeilnehmerInnen den Seminarraum betreten und dabei Ihr Begrüßungsflipchart betrachten. Nehmen Sie diese Reaktionen ganz bewusst wahr. Diese spiegeln die Wirkung Ihres Charts und zeigen unwillkürlich eine Bestätigung Ihres Bemühens oder ein mögliches Verbesserungspotential auf. Verstärken Sie zusätzlich die Aussagekraft, indem zu Seminarbeginn erläutert wird, was mit dem Flipchart ausgesagt werden soll.

Begrüßungsflipcharts bewirken zusätzlich ein angenehmes Seminarklima!

Ein Flipchart unterstützt den optimalen Seminarbeginn

Immer wenn eine neue TeilnehmerInnengruppe zusammentrifft, ergeben sich drei wesentliche Fragen:

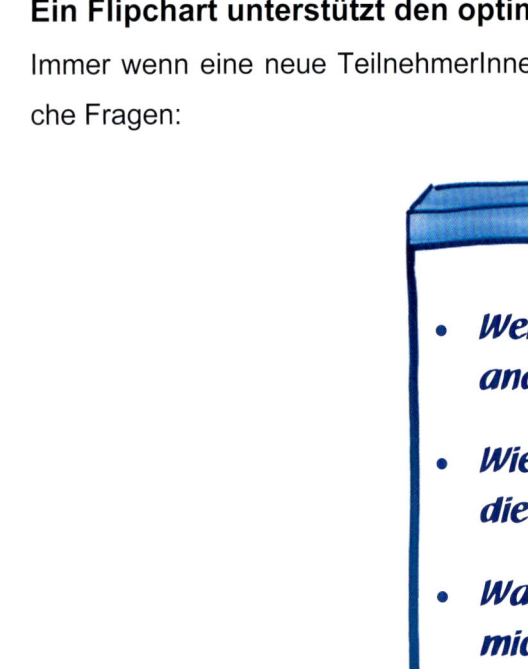

Je nach Zielgruppe und Seminarthema können natürlich auch andere dringliche Fragen oder Aspekte im Vordergrund stehen. Auf alle Fälle aber sollten Sie es ermöglichen, dass offene Fragen rasch beantwortet werden. Dadurch ist sichergestellt, dass die Gruppe arbeitsfähig wird und die Aufmerksamkeit der TeilnehmerInnen auf die Inhalte gelenkt wird.

Eine optimale Seminareröffnung setzt sich aus diesen Punkten zusammen:

- Die Begrüßung

- Bekanntgabe der Seminarziele

- Darstellung der Inhalte

- Erwartungen an das Seminar abfragen

- Organisatorisches und Rahmenbedingungen klären

- Vorstellrunde

Somit ideale Voraussetzungen für den Einsatz von Flipcharts. Das folgende Fallbeispiel zeigt einen strukturierten Seminarbeginn:

Ein Begrüßungsflip empfängt die TeilnehmerInnen.

Bewirkt eine entspannte Beginnsituation.

Seminarziele sind verständlich und schriftlich formuliert.

Verschafft den TeilnehmerInnen eine Zielorientierung.

Seminarinhalte dienen gleichzeitig als roter Faden.

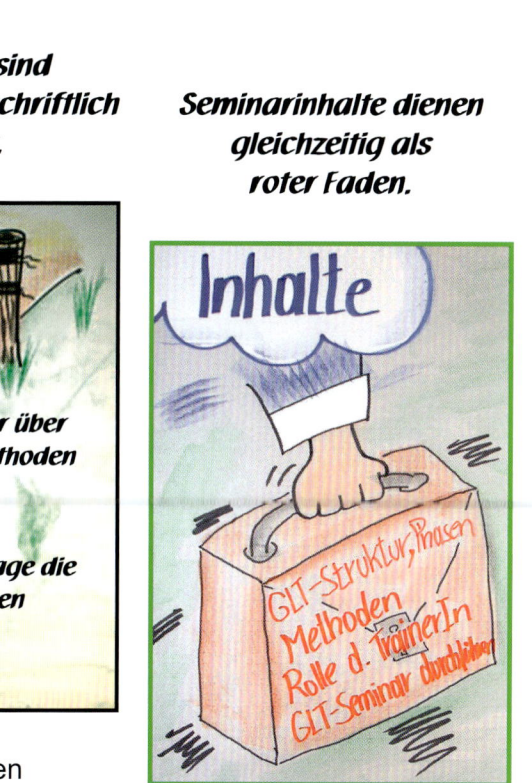

Assoziiert eine strukturierte Vorgehensweise.

Erwartungen an das Seminar abfragen.

Erwartungshaltungen schriftlich festhalten und am Seminarende überprüfen. Dient auch zur Abgrenzung von Inhalten.

Organisatorisches festlegen. Dazu gehört auch ein Zeitplan.

Die Anordnung der Symbole ist angelehnt an das Thema linke und rechte Gehirnhälfte.

Die Vorstellrunde kann auch mit einer Erwartungsabfrage kombiniert sein.

Beachten Sie die letzte Fragestellung. Sie dient zur Erwartungsabfrage.

Eine kreative Vorstellrunde

Diese von mir entwickelte Vorstellrunde stellt beim Seminarbeginn den Menschen ohne besondere Berücksichtigung seiner beruflichen Qualifikation oder Stellung in den Vordergrund. Die gewählte Methode bringt vorhandene Glaubenssätze ins Wanken und eröffnet das kreative Potential der TeilnehmerInnen. Zugleich wird die Interaktion unter den TeilnehmerInnen und zum Lehrpersonal positiv unterstützt.

Erforderliches Material

- Je TeilnehmerIn einen Luftballon, drei Moderationskärtchen, einen Flipchartstift.

- Für alle TeilnehmerInnen eine Rolle Klebeband.

- Zur Präsentation Pinnwände vorbereiten.

Einleitung

Viele von uns bringen bestimmte Glaubenssätze mit. Allzuoft stammen diese aus der Schulzeit. So meinen viele Menschen beispielsweise sie können nicht singen. Andere wiederum sind der Meinung, dass sie nicht zeichnen können. „Wer von Ihnen kann nicht zeichnen?"

Instruktionen

- „Blasen Sie den Luftballon auf, verbinden ihn, damit die Luft nicht ausströmen kann und zeichnen darauf das Gesicht Ihrer Sitznachbarin bzw. Ihres Sitznachbarn!"

- Gesicht in 2er- oder 3er-Gruppen zeichnen lassen.

- „Schenken Sie nun Ihren Luftballon jener Person, dessen Gesicht Sie gezeichnet haben!" (Ist ein Zeichen der gegenseitigen Wertschätzung).

- „Nehmen Sie drei Moderationskärtchen und **schreiben** auf das erste Ihren Namen!"

- Auf das zweite **zeichnen** Sie symbolhaft, worauf Sie in Ihrem Leben ganz besonders stolz sind.

- Auf das dritte **zeichnen** Sie Ihre Wünsche und Erwartungen an das Seminar.

Präsentation

TeilnehmerInnen präsentieren ihren Luftballon und somit auch sich selbst.

Hinweise

Die Luftballons können mit Hilfe eines Klebebandes an Pinnwand befestigt werden.

Sinn und Zweck

Mit dieser Übung kommen die TeilnehmerInnen sofort ins Tun, haben einen kreativen Gestaltungsspielraum und treten unmittelbar in Kontakt zu anderen TeilnehmerInnen. Die Präsentation verläuft kreativ und spannungsfrei, da die Aufmerksamkeit auf das entstandene Werk gelenkt werden kann.

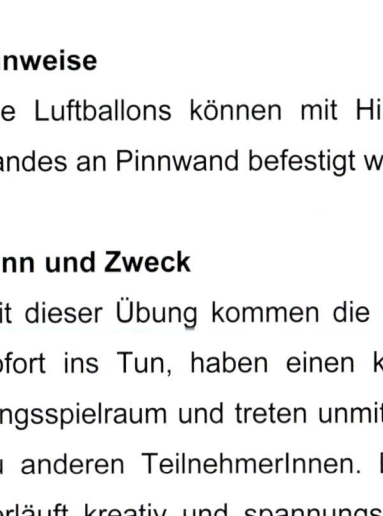

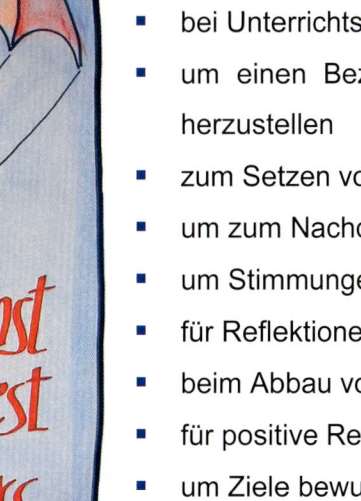
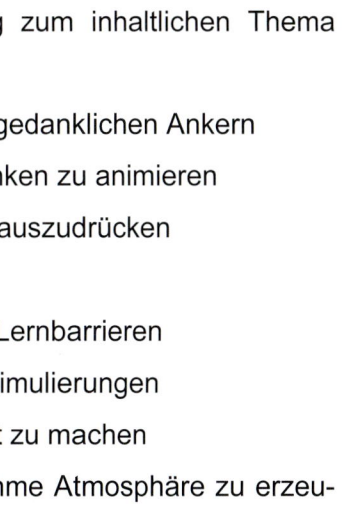

Spruch des Tages

Auch Sinnsprüche werden in Kursen und Seminaren häufig verwendet. Solche Anwendungen finden statt:

- bei Unterrichtsbeginn
- um einen Bezug zum inhaltlichen Thema herzustellen
- zum Setzen von gedanklichen Ankern
- um zum Nachdenken zu animieren
- um Stimmungen auszudrücken
- für Reflektionen
- beim Abbau von Lernbarrieren
- für positive Re-Stimulierungen
- um Ziele bewusst zu machen
- um eine angenehme Atmosphäre zu erzeugen.

Die Herausforderung, Sinnsprüche zu visualisieren, liegt in der grafischen Umsetzung von textlichen Inhalten. Dabei sollte man sich lediglich auf die wichtigste Aussage im Spruch oder auf ein bis zwei bedeutungsvolle Wörter konzentrieren. Solche Übungen stellen eine wichtige Vorstufe zur Visualisierung von fachlichen Begriffen und Inhalten dar. Ein oft nicht ganz einfacher Schritt, der schon so manchen Zweifel aufkommen lässt. Die bislang vorherrschende Meinung, nicht zeichnen zu können, wird abgelöst von der Überzeugung „Ich bin nicht kreativ!". Man kann daran festhalten oder sich zumindest die Chance für eine Weiterentwicklung einräumen. Überdenken Sie nun folgende Aussage!

Wer in der Lage ist komplizierte Inhalte zu denken, der denkt auch einfache Dinge oft zu kompliziert!

Und stimmt's? Eine Eigenschaft, die in unserer Berufsgruppe häufig anzutreffen ist. Nehmen Sie die unten abgebildeten Flipcharts meiner kreativen SeminarteilnehmerInnen zum Ansporn, Ihre persönliche Kreativität in der grafischen Umsetzung von Texten zu finden. Viele unterschiedliche Ideen und eigene Zeichenkreationen machen diese Charts ansehnlich und wirkungsvoll.

Das Leben ist ein Traum, träume ihn glücklich.

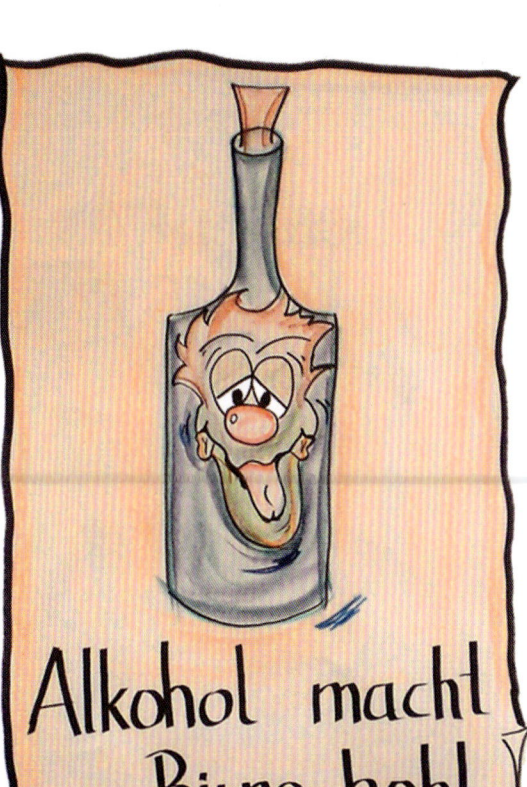

Alkohol macht Birne hohl!

Freundschaft ist die Blüte eines Augenblicks und die Frucht der Zeit

Die Zeit heilt alle Wunden, doch Narben bleiben immer

Den Stil verbessern, das heißt, den Gedanken verbessern!

Der Irrtum ist die tiefste Form der Erfahrung

Alle reden vom Zeit totschlagen, dabei schlägt die Zeit uns tot.

Wasser, das schon vorbeigeflossen ist, treibt die Mühle nicht.

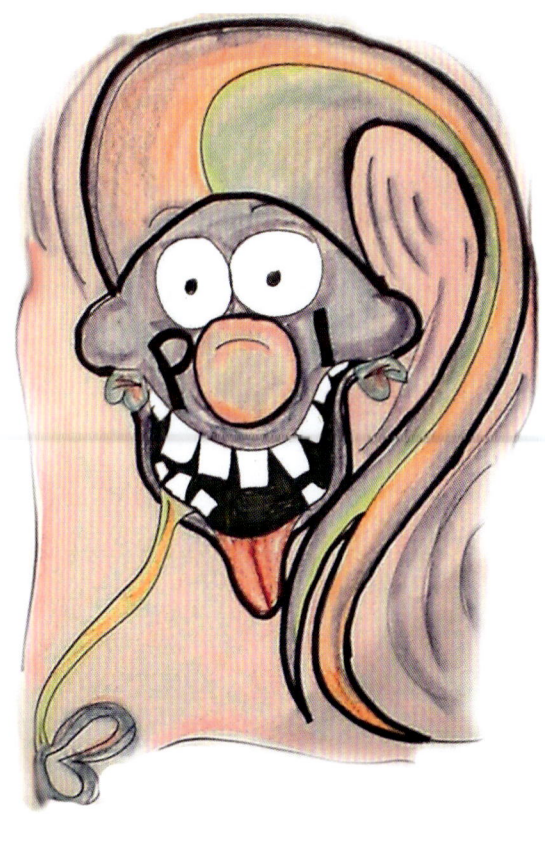

Themeneinstimmung

Bei der Themeneinstimmung wird der Fokus in erster Linie auf bisher gemachte Lernerfahrungen und auf den Abbau vorhandener Lernbarrieren gelegt. Angelehnt an die definierten Seminarziele und Inhalte, also Segmente der Seminareröffnung, erfolgt in dieser zweiten Phase des Seminarkreislaufes

- eine Aktivierung der TeilnehmerInnen bezogen auf die Inhalte,
- eine Bewusstmachung von bereits vorhandenem Wissen
- und eine Re-Stimulierung positiver Lernerfolge.

Dies erfordert in der Regel einen Rückblick auf bisherige Erfahrungen, den Einblick in die derzeitige Situation und einen Ausblick in die Zukunft. Stimulierende Fragen sind beispielsweise:

- Welche Erfahrungen verbinden Sie mit dem Begriff …?
- Was fällt Ihnen ein zum Thema …?
- Was erwarten Sie sich von einem guten …?

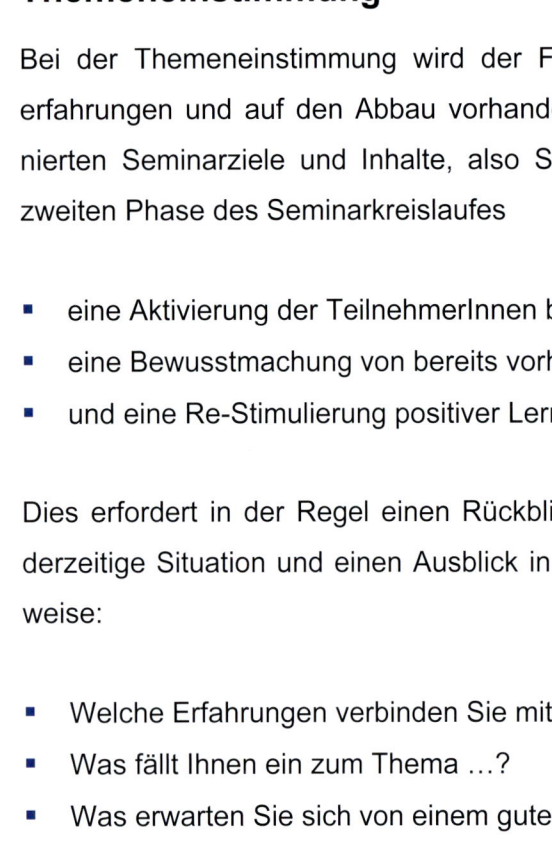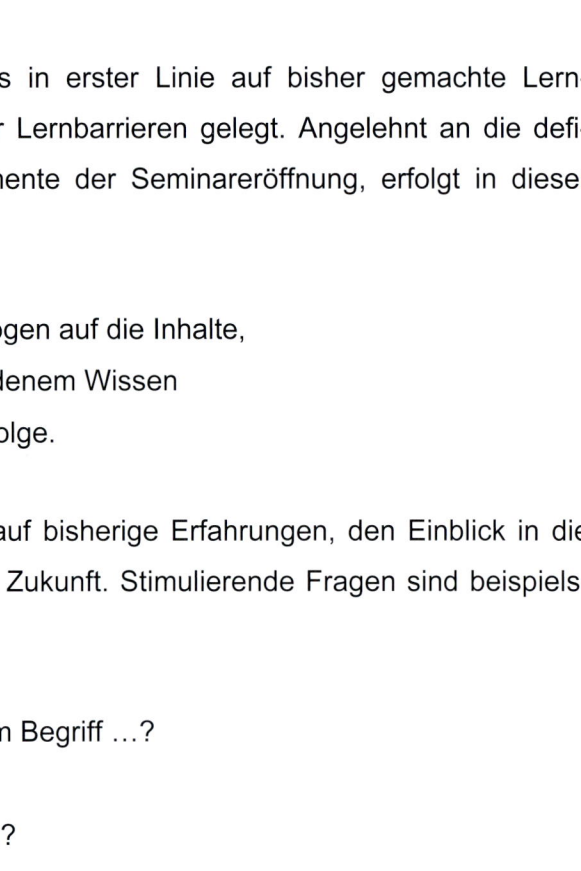

Aus der Moderationstechnik stammend und für die Sammlung von Ideen und Informationen bestimmt, bieten sich Methoden wie Brainstorming, Brainwriting oder Mindmapping an.

Einen kreativen Einfall hatte meine Berufskollegin Frau Mag.[a] Karin Grill. Als eine der zahlreichen Leserinnen der ersten Ausgabe dieses Buches entwickelte sie daraus die Idee, Cartoongesichter als Mindmapstruktur zu entwickeln. Verschiedene Frisuren spiegeln das System der Haupt- und Nebenäste wieder. In ihren Themengebieten Buchhaltung und Kostenrechnung kreierte sie mit dieser Methodik spannende Unterrichtseinheiten und baute auch manchmal vorhandene Blockaden gegenüber Kreativitätstechniken ab. Ich finde diesen Ansatz einen wirklich gelungenen Transfer der Kreativen Flipchartgestaltung in den Unterricht und bedanke mich an dieser Stelle für diesen Erfahrungsbericht.

Die Verwendung solcher Kreativitätstechniken in Seminaren erweitert bei den TeilnehmerInnen auch deren Methoden- und Problemlösungskompetenz. Zwei wichtige Fähigkeiten im beruflichen Alltag vieler Menschen.

Auf Unterrichtsthemen neugierig machen

Das folgende Zitat von Augustinus erklärt in einfachen Worten eine wichtige Grundvoraussetzung für erfolgreiche TrainerInnen:

„In dir muss brennen, was du in anderen entzünden willst!“

In Verbindung mit dieser inneren Einstellung einer Lehrperson werden Seminare als besonders spannend erlebt, wenn es gelingt, die vorhandene Neugiermotivation von TeilnehmerInnen auf die Unterrichtsthemen zu richten. Mit gezielten, manchmal auch leicht provozierenden Fragen gelingt das schon sehr gut. Häufig werden ergänzend dazu Bilder aus Zeitungen oder Katalogen verwendet, um mehr Wirkung zu erreichen. Selbst gezeichnete Flipcharts, kombiniert mit einer passenden Frage, erreichen im Vergleich dazu eine viel höhere Aufmerksamkeit, da diese authentisch mit der Lehrperson und motivierend auf die Betrachter wirken.

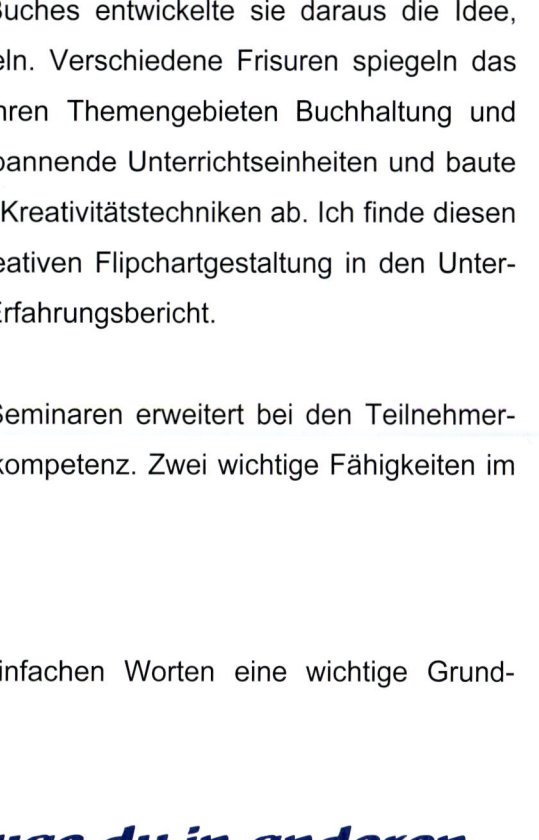

In Unterrichtsgegenständen wie Mathematik, Englisch bis hin zur Kommunikation lassen sich themenunabhängig kreative Neugierigmacher leicht erstellen. Mit der daraus resultierenden Aufmerksamkeit haben Sie als TrainerInnen optimale Voraussetzungen geschaffen, damit Ihre zu vermittelnden Informationen ins Ultrakurzzeitgedächtnis Ihrer ZuhörerInnen vordringen können. Bei motivierten Menschen sollte das ja weniger ein Problem darstellen. Mit dieser Methode erreichen Sie auch viele nichtmotivierte SeminarbesucherInnen, indem Sie Spannung in Ihren Unterrichtsthemen erzeugen.

Kreative Flipcharts steigern die Motivation, erhöhen die Aufmerksamkeit und fördern das Verstehen von Inhalten.

Konzentration und Aufmerksamkeit

- Kreative Flipcharts ziehen den Blick auf sich und steigern die Attraktivität des Informationsangebots.

- Dadurch kann auch die Aufmerksamkeitszuwendung innerhalb des Informationsangebots gesteuert werden.

Motivation

- Kreative Visualisierungen erhöhen die Motivation zum Lesen.

- Sie erregen Interesse und Neugier am Thema und an den Inhalten.

- Bilder lösen Emotionen aus und aktivieren Einstellungen.

Verstehen

- Bilder unterstützen bei der Veranschaulichung sprachlich nur schwer oder umständlich vermittelbarer Informationen.

- Durch Visualisierungen werden Sachverhalte konkretisiert und Zusammenhänge leichter erkennbar.

Wissenstransfer effizient gestalten

Mit unseren 5 Sinnen nehmen wir die Reize und Informationen aus unserer Umwelt auf. Vor allem aber auf visuelle Reize reagiert bekanntlich das Augentier Mensch sehr stark. Über das Auge stürmen ungefähr 75 % der Informationsmenge auf uns ein. Das Gehirn hat nun die Aufgabe, aus dieser Flut von Eindrücken die wirklich relevanten Dinge zu erkennen und auszusortieren. Mit Hilfe von ansprechenden und verständlichen Visualisierungen erleichtern wir daher die Gehirnarbeit und steigern die Merkfähigkeit.

Die mithilfe unserer Sinne aufgenommenen Informationen werden, nachdem sie die „Verweilzeit" im Ultrakurzzeitgedächtnis hoffentlich überstanden haben, im Kurzzeitgedächtnis Sekunden bis Minuten gespeichert. Das ist notwendig, um Rechenoperationen im Kopf durchzuführen oder bei einem Gespräch die Argumente des Gesprächspartners während der eigenen Antwort noch im Kopf zu haben. Ein wichtiger Aspekt für das Lehren und Lernen ist auch das Fassungsvermögen des Kurzzeitgedächtnisses. Lediglich bis zu sieben unterschiedliche Informationseinheiten bzw. Informationsblöcke können auf einmal gespeichert werden. Ein Umstand, der bei Folienschlachten mittels Overhead oder PowerPoint gerne ignoriert wird. Inhaltlich überladene Folien, unstrukturierte Themenzusammenhänge und ein Zuviel an Textinhalten sind Blockaden für eine effiziente Informationsaufnahme.

Die Strukturierung von Lerninhalten und die Bildung von Lernblöcken steigern den Behaltenswert.

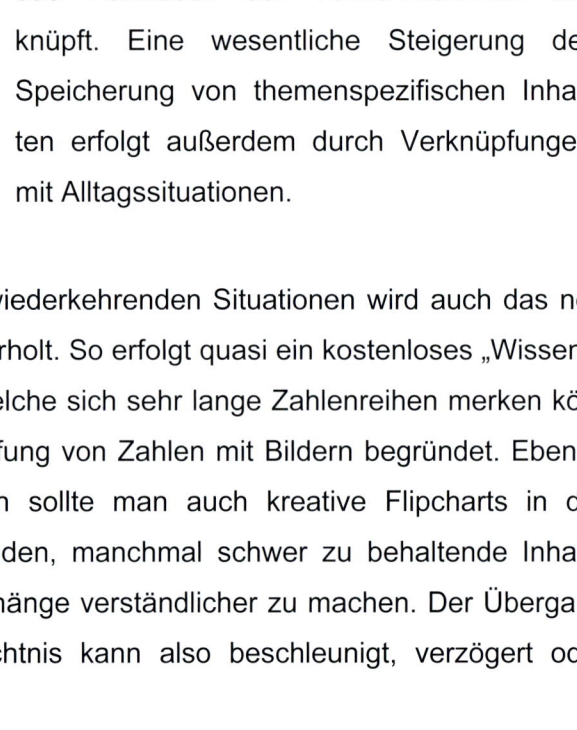

Unabhängig davon, mit welchen Sinnen etwas wahrgenommen wird, muss jeder Information eine Bedeutung beigemessen werden. Je wesentlicher diese für die InformationsempfängerInnen ist und umso mehr Sinn eine Information hat, desto leichter erfolgt die Wissensaneignung. Eine weitere zusätzliche Erleichterung bei der Informationsaufnahme erreicht man, indem man an das Vorwissen der TeilnehmerInnen anknüpft. Eine wesentliche Steigerung der Speicherung von themenspezifischen Inhalten erfolgt außerdem durch Verknüpfungen mit Alltagssituationen.

Durch Assoziationen mit ständig im Alltag wiederkehrenden Situationen wird auch das neu erworbene Wissen laufend unbewusst wiederholt. So erfolgt quasi ein kostenloses „Wissens-Update". Die Erfolgsstory von Menschen, welche sich sehr lange Zahlenreihen merken können, liegt ja bekannterweise in der Verknüpfung von Zahlen mit Bildern begründet. Ebenso wie solche oder ähnliche Mnemotechniken sollte man auch kreative Flipcharts in der Wissensvermittlung vor allem dafür verwenden, manchmal schwer zu behaltende Inhalte leichter merkbar oder komplexe Zusammenhänge verständlicher zu machen. Der Übergang vom Kurzzeitgedächtnis ins Langzeitgedächtnis kann also beschleunigt, verzögert oder blockiert werden.

Beschleunigt

- Wenn Assoziationen entstehen, also wenn die neu eintreffende Information sich mit einem bereits im Gehirn gespeicherten Bild verknüpfen kann.

- In Lernsituationen unter „Eustress" = freudigem Stress.

- Wenn dem Gehirn eine Pause genehmigt wird, in der keine zusätzlichen neuen Informationen einströmen.

Verzögert

- Wenn zu viele Informationen innerhalb einer kurzen Zeitspanne angeboten werden.

- Bei Distress = schädlichem Stress.

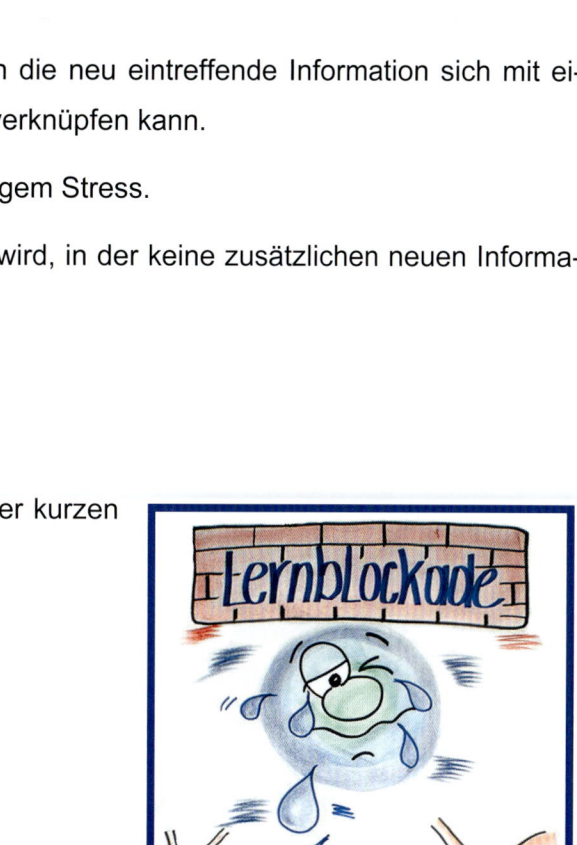

Blockiert

- Bei extremen Distress, wie es öfters in Prüfungssituationen der Fall sein kann.

- Bei Unterschreitung des Bewältigungsglaubens („Das werde ich nie und nimmer alleine schaffen!") von weniger als 50%.

Was bedeutet das für die eigene Unterrichtspraxis?

Um die Verankerung des Lernstoffes im Langzeitgedächtnis zu erleichtern, sollten TrainerInnen

- den Unterrichtsstoff in einer Eustress-Atmosphäre anbieten – die TeilnehmerInnen sollten Freude am Unterricht haben,

- Informationen so vermitteln, dass möglichst viele Assoziationen zu schon vorhandenen Gedächtnisinhalten entstehen,

- den Unterricht durch Pausen auflockern.

Visualisierung von fachlichen Inhalten

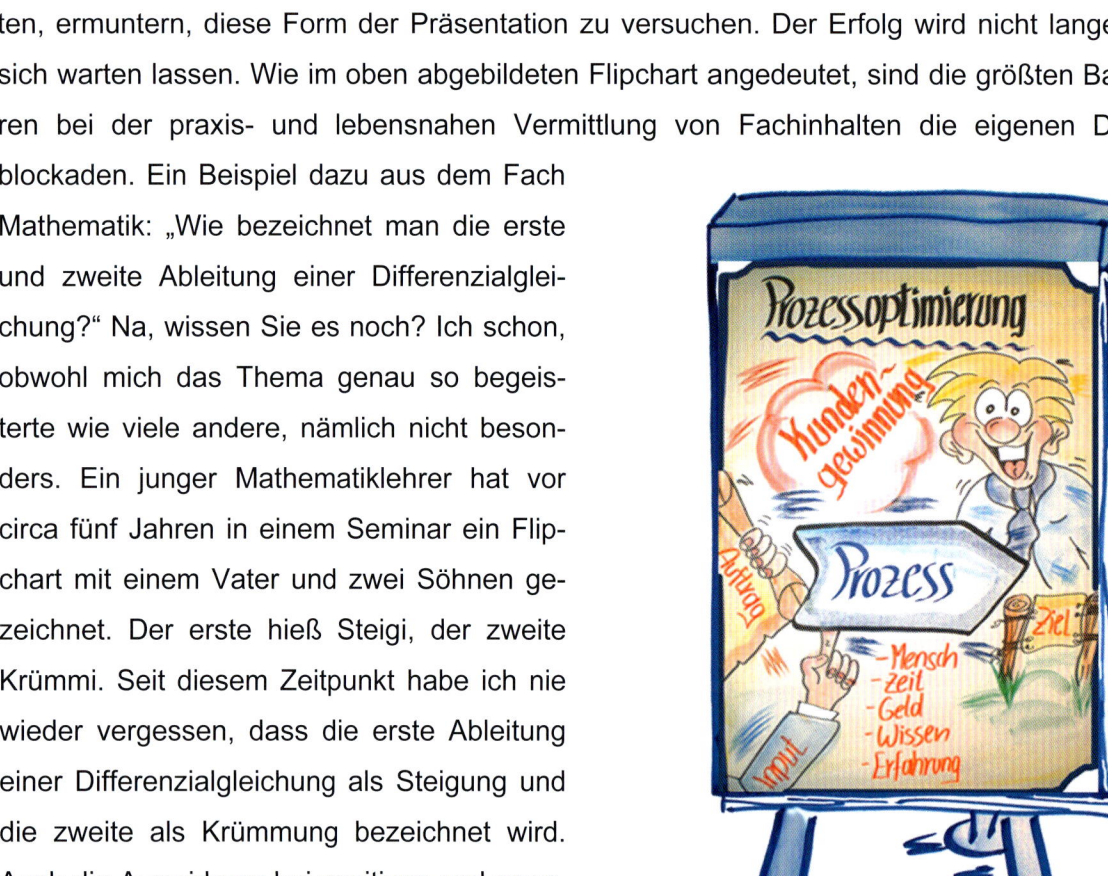

Anhand der folgenden Präsentationen möchte ich dem Vorurteil „Kreative Flipcharts sind nur in Softskills-Themen anwendbar!" entgegenwirken. Die hier gezeigten Fallbeispiele stammen großteils von FachtrainerInnen, welche mein Seminar „Kreative Flipchartgestaltung" im Zuge von Trainerweiterbildungen besuchten. Durch das Zeichnen von Cartoons wurden nicht nur Zeichenbarrieren abgebaut, sondern auch das Potential der eigenen Kreativität entdeckt. Dadurch haben diese TrainerInnen, welche teilweise schon sehr viele Jahre in der Erwachsenenbildung tätig sind, auch die Freude und den Spaß an ihrem Beruf und der inneren Berufung wiedergefunden. Ich möchte daher speziell die Pädagogen unter ihnen, welche sogenannte Hardfacts unterrichten, ermuntern, diese Form der Präsentation zu versuchen. Der Erfolg wird nicht lange auf sich warten lassen. Wie im oben abgebildeten Flipchart angedeutet, sind die größten Barrieren bei der praxis- und lebensnahen Vermittlung von Fachinhalten die eigenen Denkblockaden. Ein Beispiel dazu aus dem Fach Mathematik: „Wie bezeichnet man die erste und zweite Ableitung einer Differenzialgleichung?" Na, wissen Sie es noch? Ich schon, obwohl mich das Thema genau so begeisterte wie viele andere, nämlich nicht besonders. Ein junger Mathematiklehrer hat vor circa fünf Jahren in einem Seminar ein Flipchart mit einem Vater und zwei Söhnen gezeichnet. Der erste hieß Steigi, der zweite Krümmi. Seit diesem Zeitpunkt habe ich nie wieder vergessen, dass die erste Ableitung einer Differenzialgleichung als Steigung und die zweite als Krümmung bezeichnet wird. Auch die Auswirkung bei positiven und negativen Stimmungen (Ergebnissen) wurde erklärt. Einfach dargestellt – behaltenswert gesichert.

Schnittmenge von A und B

Gegeben ist eine Menge U von Mengen. Die Schnittmenge von U ist die Menge der Elemente, die in jedem Element von U enthalten sind.

Formal:

$$\bigcap U := \{x \mid \forall a \in U : x \in a\}$$

Ist U eine Paarmenge, also $U = \{A, B\}$,

so schreibt man für $\bigcap U$ gewöhnlich $A \cap B := \{x \mid (x \in A) \wedge (x \in B)\}$ und liest dies: A geschnitten mit B oder der Durchschnitt von A und B ist die Menge aller Elemente, die sowohl in A als auch in B enthalten sind.

Die kreative Form einer Schnittmengendefinition

Zersägt man ein Stück Holz so erhält man zwei Teile, welche wir A und B nennen. Die beim Zersägen des Holzstücks erhaltenen Sägespäne bezeichnet man als Schnittmenge. In dieser Menge sind Elemente aus den Holzstücken A und B enthalten.

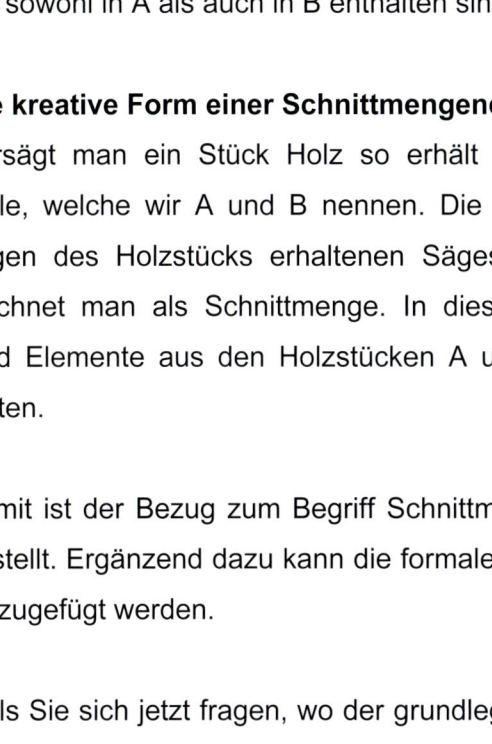

Somit ist der Bezug zum Begriff Schnittmenge hergestellt. Ergänzend dazu kann die formale Definition hinzugefügt werden.

Falls Sie sich jetzt fragen, wo der grundlegende Unterschied der beiden Präsentationen ist, stelle ich folgende Gegenfrage:

„Woran werden SchülerInnen nach diesem Vortrag beim nächsten Mal Sägen wohl denken?"

Richtig! An die Schnittmenge. Damit verbunden ist die ungleich höhere Chance, auch die formelmäßige Beschreibung einer Schnittmenge im Kopf rekonstruieren zu können. Somit ein wesentlicher Unterschied zum Auswendiglernen.

4 Seiten einer Nachricht

Die „4 Seiten einer Nachricht" ist ein einfaches und effizientes Werkzeug zur Analyse und Interpretation von Kommunikationsabläufen. Es wurde von Friedmann Schulz von Thun entwickelt. Er selbst bezeichnet es als „Kommunikationsquadrat" oder auch eingängig als „Vier Schnäbel – Vier Ohren". Die Grundaussage der 4 Seiten besteht darin, dass sowohl Sender als auch Empfänger einer Nachricht diese stets nach vier Aspekten formulieren. Unterschiedliche Interpretationen von Sender und Empfänger eines identischen Nachrichtentextes führen leicht zu Missverständnissen und Konflikten. Die miteinander kommunizierenden Personen müssen daher versuchen, durch ergänzende Aussagen und entsprechende Nachfragen das Verstehen der Nachricht unter allen vier Aspekten herbeizuführen.

Sachinhalt

Sender   Selbst-   Nachricht   Appell   Empfänger
          offenbarung

Beziehung

Vor allem in Themenbereichen wie Kommunikation oder Konflikt wirken kreative Darstellungen sehr unterstützend, um eine rasche Verbindung zwischen Theorie und Praxis herzustellen. Die weitgehend bekannte Weiterentwicklung der oben gezeichneten Darstellung in ein „4-Ohren-Modell" ist eben auch ein solcher Versuch, eine zwischenmenschliche Thematik in ein ansprechendes Bild zu formen. Frau Renate Bruckschwaiger unterstützt mit ihrer gewählten Symbolik die inhaltliche Verständlichkeit und den Behaltenswert. Viele TrainerInnen bemühen sich zusätzlich zur Wissensweitergabe darum, ihre TeilnehmerInnen für solche Kommunikationsmodelle zu begeistern. Mit kreativen Flipcharts, angepasst an eigene Fallbeispiele, ist es kein Problem dafür Interesse zu wecken.

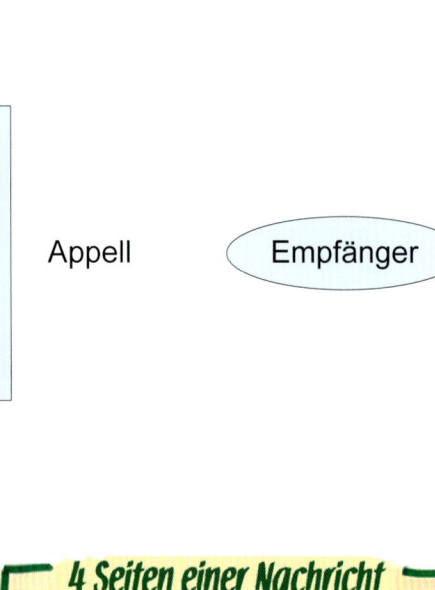

Plandrehen in der Lehrlingsausbildung

Der Lehrlingsausbildner Thomas Kagerer hat sich Gedanken darüber gemacht, wie er seinen Schlosserlehrlingen den Vorgang des Plandrehens verständlich vermitteln kann. Zur Erklärung, was damit gemeint ist: Beim Fertigungsverfahren Drehen wird manuell auf einer Drehbank oder automatisiert auf einer Drehmaschine gedreht. Beim Plandrehen wird eine ebene Fläche rechtwinkelig zur Drehachse gefertigt. Dazu meinte Thomas Kagerer Folgendes:

Eine Straßen- oder eine Weltkarte bezeichnet man auch als Plan. So kann man vor allem bei Touristen beobachten, dass diese, um sich orientieren zu können, ihren Plan drehen. Den Begriff Plandrehen gibt es auch beim Drehen in der Fertigungstechnik. Damit wird eine ebene Fläche, wie beispielsweise jene eines Planes, mithilfe eines Drehmeißels an einem Werkstück gefertigt.

Die Drehmeißelschneide muss beim Plandrehen genau auf Spitzenhöhe eingestellt sein, damit man eine zapfenfreie Stirnfläche, bezeichnet als Planfläche, erhält. …

Ein kreativer Einstieg in ein Fachthema und ein gelungenes Beispiel für Spass beim Lernen.

Was versteht man unter Liquidität?

Ein Unternehmen mit Liquidität ist in der Lage, seine Verbindlichkeiten (Rechnungen/Tilgungszahlungen etc.) rechtzeitig zu bezahlen. Um dies zu erreichen, müssen die Erlöse entsprechend höher sein. Man unterscheidet die strukturelle oder strategische Liquidität und …

Wiederum eine gelungene Verbindung zwischen einer abstrakten Begrifflichkeit und einer verständlichen Visualisierung. Klar macht es nicht immer Sinn, jedes fachliche Detail mithilfe einer kreativen Darstellung zu erklären. Allerdings gelingt es dadurch sehr rasch, eine eigene Vorstellung von einer begrifflichen Bedeutung zu bekommen.

Kreative Flipchartpräsentationen sind wie auch jede andere Präsentation an die Zielgruppe anzupassen. Wenn man allerdings meint, dass ein höher gebildetes Publikum die falsche Adresse für diese Art von Wissensvermittlung ist, dann möchte ich eine Grundregel ins Bewusstsein rufen:

Unterschätze nie das Vorwissen deiner TeilnehmerInnen und unterschätze vor allem nie deren Intelligenz!

Aus meiner Erfahrung kann ich berichten, dass auch bei höher gebildetem Publikum diese Art der Wissensaufbereitung sehr gefragt ist. Gerade dort werden vor allem in der Beginnphase weniger Fragen gestellt. Gründe dafür gibt es viele. Einer davon: Angst vor Prestigeverlust. Es geht darum, relativ schnell einen gleichen Wissensstand herzustellen, um dann die Vortragsgeschwindigkeit steigern zu können.

Die Angst vor der freien Rede

Eines der inhaltlich kreativsten und wirkungsvollsten Beispiele aus dem Themenbereich Rhetorik stammt von meinem geschätzten Freund und Kollegen Professor Herbert Baum.

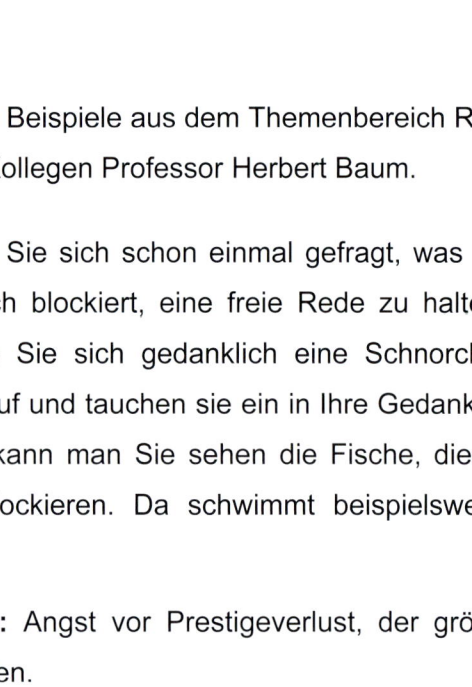

Haben Sie sich schon einmal gefragt, was Sie innerlich blockiert, eine freie Rede zu halten? Setzen Sie sich gedanklich eine Schnorchelbrille auf und tauchen sie ein in Ihre Gedanken. Dann kann man Sie sehen die Fische, die einen blockieren. Da schwimmt beispielsweise ein …

Presty: Angst vor Prestigeverlust, der größte von allen.

Blacky: Angst davor, dass mir nichts einfällt – einfach blank.

Stotty: Angst, dass ich zu stottern beginne.

Formy: Angst, dass ich meine Sätze nicht richtig formuliere, usw.

Jeder hat so seine persönlichen Fische, ich auch. Jetzt aber fangen wir sie.

Moderationen

Sinn und Zweck einer Moderation ist es, Ideen und Vorschläge zu sammeln, um daraus Maßnahmen für eine Umsetzung ableiten zu können. Die ModeratorInnen als Methodenspezialisten haben dafür zu sorgen, dass die Gruppe arbeitsfähig ist und ein Ergebnis im Sinne einer Umsetzbarkeit erarbeiten kann. Ausgestattet mit der zentralen Kunst der Fragetechnik, Kreativitätstechniken und Methoden zeichnen sich gute ModeratorInnen auch durch die Form ihrer Visualisierung aus. Flipchart, Pinnwände und Plakate sind Standardwerkzeuge der Moderation und sollten daher auch qualitätsvoll gestaltet werden.

In jeder einzelnen Phase einer klassischen Moderation hat die Visualisierung ihren Platz. Mit ihren ansprechenden Darstellungen erhöhen sie auch die Akzeptanz gegenüber den Moderationstechniken.

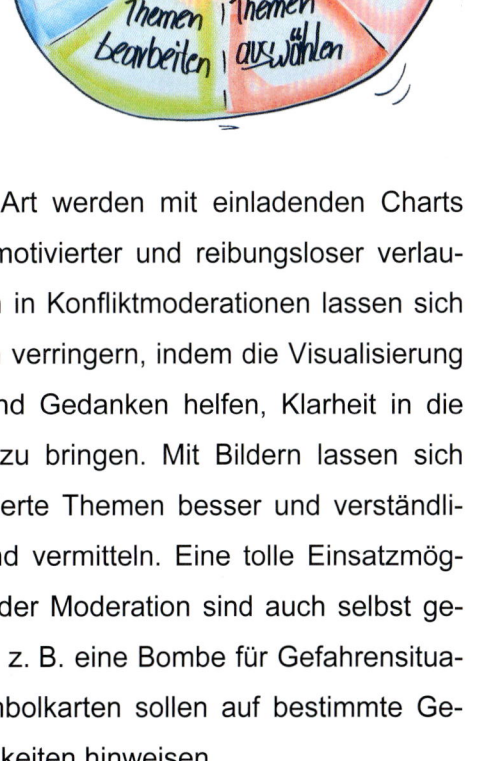

Abfragen jeglicher Art werden mit einladenden Charts und Plakaten viel motivierter und reibungsloser verlaufen. Vor allem auch in Konfliktmoderationen lassen sich negative Emotionen verringern, indem die Visualisierung von Argumenten und Gedanken helfen, Klarheit in die jeweilige Situation zu bringen. Mit Bildern lassen sich gerade emotionalisierte Themen besser und verständlicher aufbereiten und vermitteln. Eine tolle Einsatzmöglichkeit im Bereich der Moderation sind auch selbst gezeichnete Symbole, z. B. eine Bombe für Gefahrensituationen. Solche Symbolkarten sollen auf bestimmte Gefahren oder Möglichkeiten hinweisen.

Das Johari-Fenster

Das Johari-Fenster ist ein grafisches Schema zur Darstellung bewusster und unbewusster Persönlichkeits- und Verhaltensmerkmale zwischen einem selbst und anderen bzw. einer Gruppe. Entwickelt wurde es 1955 von den amerikanischen Sozialpsychologen Joseph Luft und Harry Ingham. Die Verbindung der Vornamen dieser beiden führte zur Namensgebung. Mithilfe des Johari-Fensters wird vor allem der sogenannte blinde Fleck im Selbstbild eines Menschen illustriert.

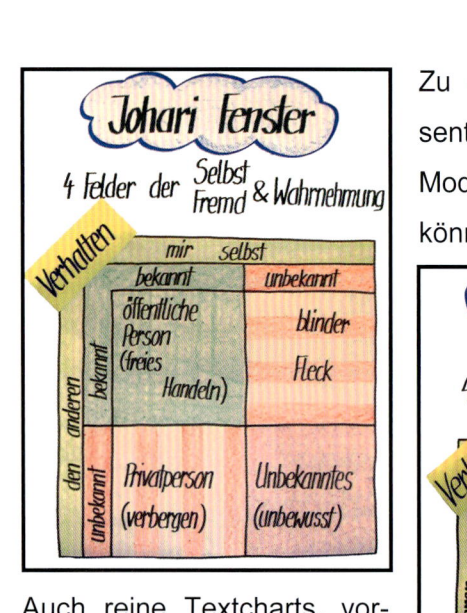

Auch reine Textcharts, vorausgesetzt diese sind plakativ gestaltet, zeigen eine hohe Wirkung.

Zu diesem Thema hat Jutta Elgendy ihre Flipchart-präsentation erstellt. Sie zeigt damit, dass auch theoretische Modelle mit geringem Zusatzaufwand sehr lebendig wirken können.

Entwickeln Sie Ihre Charts gemeinsam mit den Teil-nehmerInnen. Fügen Sie Moderationskärtchen hinzu!

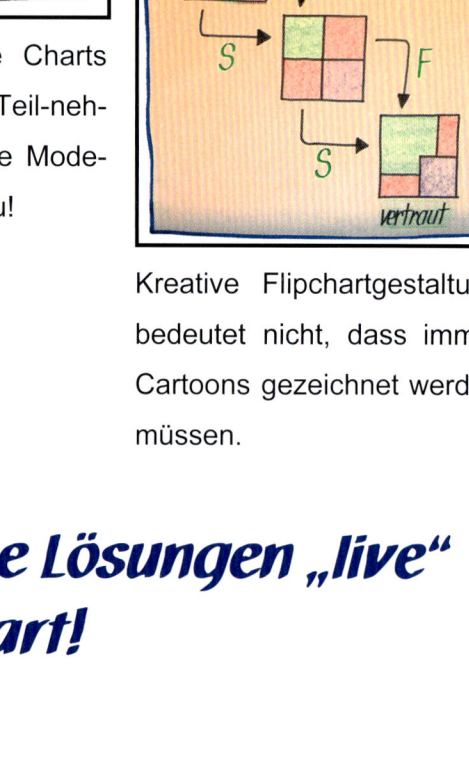

Kreative Flipchartgestaltung bedeutet nicht, dass immer Cartoons gezeichnet werden müssen.

Entwickeln Sie inhaltliche Lösungen „live" am Flipchart!

Was bedeutet der Begriff …?

Begriffsklärungen lassen sich mithilfe von Symbolen leichter erklären. So repräsentieren diese auf einfache Art und Weise manche in Worten oft nur schwer zu formulierende Situationen, Zusammenhänge, Regeln oder Gesetze. Auch in der Unterrichtspraxis werden Begriffe durch einfache Symbole leicht erklärbar und verständlich.

Synergie, hier als Glücksklee dargestellt, bezeichnet das Zusammenwirken von Lebewesen. Gemeinsam wird daher immer mehr erreicht, als jeder für sich alleine erreichen kann. Eine Umschreibung von Synergie findet sich auch im Ausspruch:

„Das Ganze ist mehr als die Summe seiner Teile."

Unzählige Beispiele gäbe es noch darzustellen. Vor allem im Bereich der Fremdsprachen bieten sich viele Einsatzmöglichkeiten an.

Wie bei der Mnemotechnik unterstützen Sie den Behaltenswert von Informationen, indem Bilder mit Informationen verknüpft werden. Im besten Fall entsteht dabei eine leicht zu merkende Bildgeschichte. Dieses Grundprinzip verwende auch ich, allerdings wird durch das Zeichnen der Behaltenswert noch stärker unterstützt. Daraus folgt, wenn Ihre SeminarteilnehmerInnen Phrasen, Vokabeln und Gesprächsabläufe selbst zeichnen, erreichen Sie sensationelle Lernerfolge.

Wissensvertiefung

Der Einsatz von Visualisierungstechniken und unterschiedliche Methoden helfen den Teil-nehmerInnen, Seminarinhalte zu verarbeiten. Ziel der Wissensvertiefung ist daher die Ver-ankerung des in der aktiven Präsentationsphase erworbenen Wissens. Bewährte Methoden sind unter anderem:

- Diskussionen

- Entspannungsphasen mit Stoffwiederholung

- Einsatz von Lernsoftware

- Fallbeispiele

- Gruppen- und Partnerarbeit, Rollenspiele

- Lernrätsel, Lernen mit Kartenabfrage

- Phantasiereisen

- strukturiertes Fragestellen

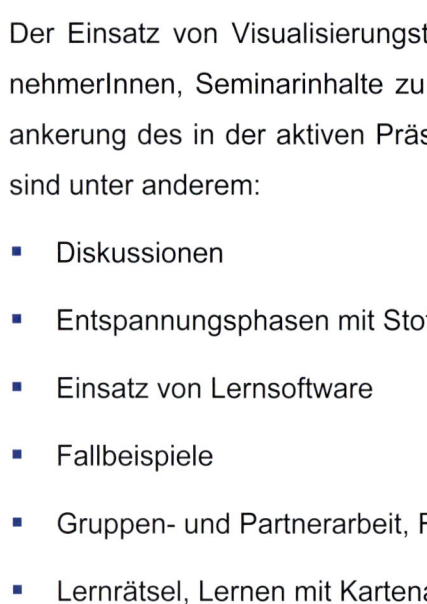

Themen- und methodenabhängig bietet auch diese Seminarphase zahlreiche Möglichkeiten für einen Flipcharteinsatz. Erfahrungsgemäß übernehmen SchülerInnen ebenso wie Student-Innen oder SeminarteilnehmerInnen mit größter Freude die von der Lehrperson präsentierten Formen der kreativen Flipchartgestaltung in ihre eigenen Präsentationen. Dadurch steigern auch diese ihre Methodenkompetenz.

Wer Wissen mit Kreativität sät, wird erfolgreiche Wissensvermittlung ernten!

Praxisumsetzung

Etwas verstanden zu haben bedeutet noch nicht, es auch anwenden zu können. Auch die Begrifflichkeit „TrainerIn in der Erwachsenenbildung" soll verdeutlichen, dass die Auf-gabe der in der Erwachsenenbildung Tätigen nicht nur im Vermitteln von Informationen besteht, sondern dass ein überwiegender Teil der Tätigkeit im Einüben von Verhalten und Fertigkeiten geschieht.

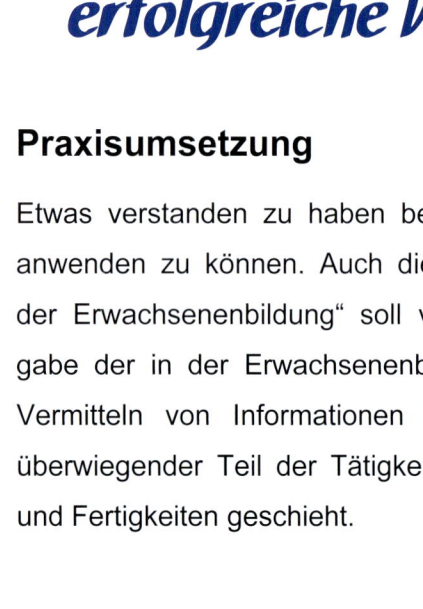

Für TrainerInnen ist ein Lernziel erst dann erreicht, wenn die TeilnehmerInnen die von ihnen erwartete Tätigkeit ausüben können. Praxisorientierung ist daher ein wesentlicher Erfolgsfaktor im Unterrichten von Erwachsenen. Unterscheiden lassen sich drei Ebenen:

Wissen

- Wissen ist eine mit Bedeutung ausgestattete Information. Diese Informationen müssen nachvollziehbar und in sich stimmig sein (Begriffe, Zahlen, Daten, Fakten).

Verstehen

- Unterscheidet sich von einer bloßen Kenntnisnahme und setzt das inhaltliche Begreifen voraus (Erklärungen, Folgerungen, Begründungen).

Problemlösen

- Darunter versteht man die Tätigkeit, für ein gestelltes Problem eine Lösung zu entwickeln oder anzuwenden. Dies erfordert Eigenständigkeit, Erkennen von Zusammenhängen und Anwendung der eigenen Fähigkeiten.

Einsatzmöglichkeiten für Flipcharts sind auch in dieser letzten Phase unseres Seminarkreislaufes genügend vorhanden. Vor allem bei Projekten, Präsentationen und Moderationen. Das Wichtigste bei der Praxisumsetzung ist vor allem „üben, üben, üben".

Tipps für die Aufbewahrung der Flipcharts

Nach all den Bemühungen, professionelle Flipcharts zu zeichnen, trachtet man natürlich danach, diese auch öfter zu verwenden. Ein Flipchart-Köcher oder eine Flipchart-Tragetasche gehören daher oft zur Standardausrüstung von TrainerInnen. Allerdings sind diese vermeintlich professionellen Lösungen nicht gerade kostengünstig. „Tragbare" Lösungen sollten drei wesentliche Kriterien erfüllen:

- Schutz vor dem Verknittern: Vor allem die Papierränder sollten unbeschädigt bleiben.

- Schutz vor Sonneneinstrahlung, damit die Charts nicht vergilben.

- Beim Aufhängen der Charts dürfen sich diese nicht einrollen. Das sieht einerseits furchtbar aus und andererseits kann man den Inhalt nicht einsehen.

Um diese Anforderungen zu erfüllen, sind der Umgang mit den Flipcharts und die Lagerungsbedingungen zu berücksichtigen.

Meine Empfehlungen lauten daher:

Flipcharts immer mit der Bildseite nach außen zusammenrollen!

Dadurch wird ein Einrollen der Charts beim Aufhängen verhindert.

Einen Flipchartbogen im Querformat als Schutzhülle verwenden!

Keine Sonneneinstrahlung mehr möglich – ergibt eine lange Haltbarkeit ohne vergilbte oder zerknitterte Papierränder.

Eine Hartkartonrolle ergibt einen kostengünstigen Flipchart-Köcher!

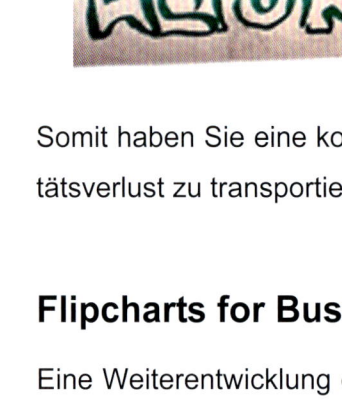

Somit haben Sie eine kostengünstige und effiziente Methode, um ihre Flipcharts ohne Qualitätsverlust zu transportieren und zu archivieren.

Flipcharts for Business

Eine Weiterentwicklung des in diesem Buch veröffentlichten Konzeptes der „Kreativen Flipchartgestaltung" möchte ich Ihnen nicht vorenthalten. „Flipcharts for Business" wendet sich an Personen, welche gerne Präsentationen und Vorträge durchführen und dabei das Publikum begeistern möchte. Aber auch jene unter Ihnen, die Besprechungen und Moderationen leiten, erreichen mit dieser Zeichentechnik eine hohe Effizienz und Nachhaltigkeit.

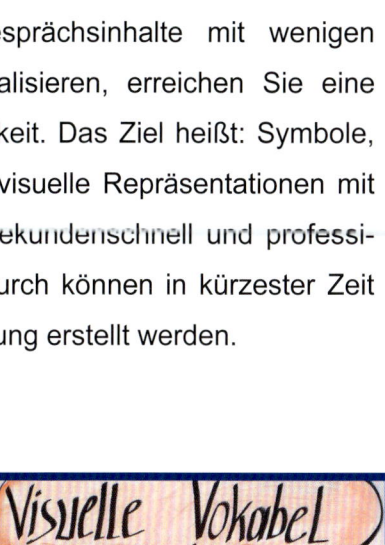

Die Ursache für Aufmerksamkeit ist Bewegung.

Wenn es gelingt, Gesprächsinhalte mit wenigen Strichen „live" zu visualisieren, erreichen Sie eine sehr hohe Aufmerksamkeit. Das Ziel heißt: Symbole, Zusammenhänge oder visuelle Repräsentationen mit nur wenigen Strichen sekundenschnell und professionell zu zeichnen. Dadurch können in kürzester Zeit inhaltsstarke Visualisierung erstellt werden.

Mit Bildern, Symbolen und Texten lassen sich also ausdrucksstarke Präsentationen und Dokumentationen erstellen, wobei textliche Inhalte die Minderheit darstellen. Auch elektronische Medien wie das klassische PowerPoint liegen hier im Trend. So sind gute Präsentationen fast ausschließlich mit Bildern versehen und das Textliche bildet eher die Minderheit.

Das Wissen und Können der „Kreativen Flipchartgestaltung" kombiniert mit der Zeichentechnik von „Flipcharts for Business" lassen daher auch Ihre Unterrichtseinheiten unvergesslich werden.

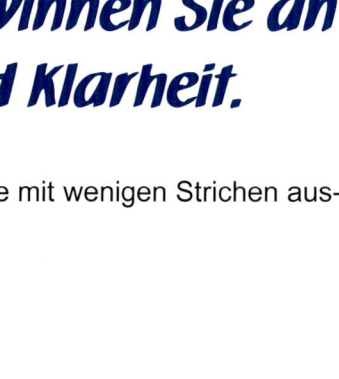

Durch Ihre Business-Charts gewinnen Sie an Überzeugung, Ausdruck und Klarheit.

Gerne können Sie in meinen Seminaren erlernen und erleben, wie mit wenigen Strichen ausdrucksstarke Bilder entstehen.

Lassen Sie Ihre rechte Gehirnhälfte nicht links liegen!

„Spricht man heutzutage noch vom Modell der beiden Gehirnhälften, dann gehört man wahrscheinlich auch zu den Verehrern der Hemisphärenmythologie." Die neuesten Ergebnisse der Neurodidaktik von DDr. Manfred Spitzer sprechen diesbezüglich eine klare und unmissverständliche Sprache.

Kreative Flipchartgestaltung unterstützt durch seine Wirkung sowohl beim Lehrenden als auch beim Lernenden das Entstehen von kreativen Denkprozessen. Die mit meiner Methode erzeugten positiven Emotionen unterstützen den Wissenserwerb nachweislich. Wichtig beim Lernen ist nach Spitzer auch die Verarbeitungstiefe. Je tiefer, intensiver und vielfältiger man sich mit einem Thema auseinandersetzt, desto besser ist die Behaltensleistung. Ein Erfordernis, welches durch eine kreative Flipchartgestaltung unterstützt wird.

Angst und Kreativität schließen sich aus!

Negative Emotionen verhindern Kreativität. Diese entstehen durch eine negative Lernatmosphäre, einen zu niedrigen Bewältigungsglauben und der Furcht vor Misserfolg. Wer bei einer Prüfung Angst entwickelt, schwitzt und zittert, der kann nicht mehr kreativ ein Problem lösen. Lernen muss daher in positiver Atmosphäre stattfinden, sonst landet alles im Mandelkern und die Kreativität ist dahin. Mit positiven Bildern und Emotionen legen Sie gleichzeitig die Basis für einen beruflichen Erfolg.

Die Fähigkeit zu zeichnen ist oft ein bestauntes Talent der Menschen, und jeder Mensch besitzt dieses. Nicht die Fingerfertigkeit ist dafür verantwortlich, wenn ein Bild misslingt, sondern der Umgang mit dem Gehirn.

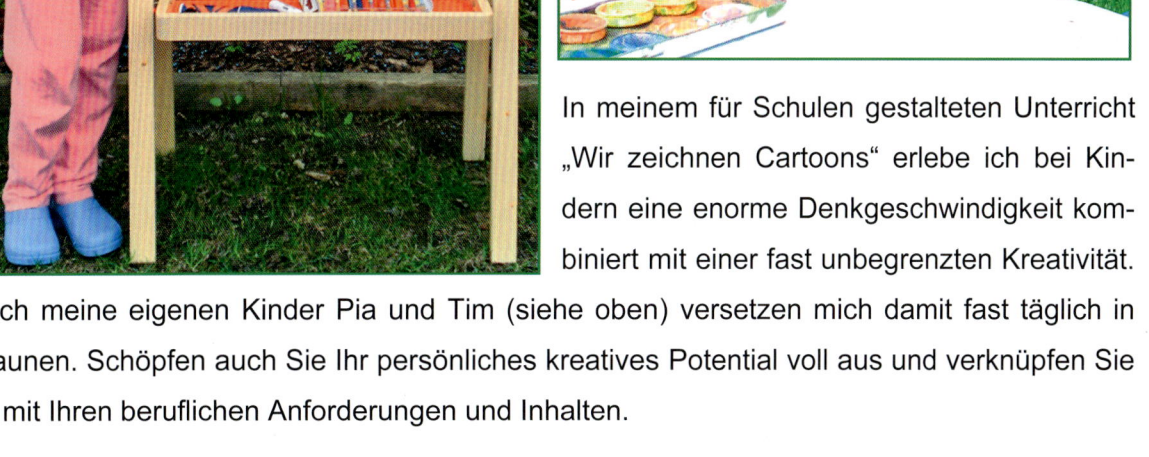

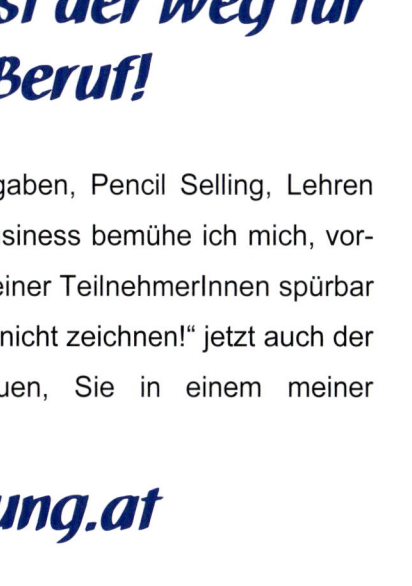

In meinem für Schulen gestalteten Unterricht „Wir zeichnen Cartoons" erlebe ich bei Kindern eine enorme Denkgeschwindigkeit kombiniert mit einer fast unbegrenzten Kreativität. Auch meine eigenen Kinder Pia und Tim (siehe oben) versetzen mich damit fast täglich in Staunen. Schöpfen auch Sie Ihr persönliches kreatives Potential voll aus und verknüpfen Sie es mit Ihren beruflichen Anforderungen und Inhalten.

Kreative Flipchartgestaltung ist der Weg für Spitzenleistungen im Beruf!

In Seminaren, wie beispielsweise Kreativität in Führungsaufgaben, Pencil Selling, Lehren und Lernen, Kreative Flipchartgestaltung und Flipcharts for Business bemühe ich mich, vorhandene Glaubenssätze abzubauen und das volle Potential meiner TeilnehmerInnen spürbar zu machen. Ich wünsche mir, dass Ihr Glaubenssatz „Ich kann nicht zeichnen!" jetzt auch der Vergangenheit angehört, und ich würde mich sehr freuen, Sie in einem meiner Seminare begrüßen zu können.

www.Flipchartgestaltung.at

Literatur

Felder, H./**Tonninger**, W. (1999): Ganzheitliches Lehren und Trainieren. Das GLT-Handbuch für die Praxis. Wien: Verlag Felder.

Halbinger, W. (2004): Karikaturen zeichnen für Einsteiger. München: Knaur Ratgeber Verlage.

Spitzer M. (2006): Lernen. Gehirnforschung und die Schule des Lebens: Spektrum Akademischer Verlag.